油田企业模块化、实战型技能培训系列教材

配电线路岗
技能操作标准化培训教程

丛书主编　陈东升
本书主编　耿宪福

中国石化出版社

图书在版编目(CIP)数据

配电线路岗技能操作标准化培训教程 / 陈东升，耿宪福主编．—北京：中国石化出版社，2022.3
油田企业模块化、实战型技能培训系列教材
ISBN 978－7－5114－6581－8

Ⅰ.①配… Ⅱ.①陈… ②耿… Ⅲ.①配电线路－技术培训－教材 Ⅳ.①TM726

中国版本图书馆 CIP 数据核字(2022)第 024012 号

中国石化出版社出版发行
地址:北京市东城区安定门外大街 58 号
邮编:100011　电话:(010)57512500
发行部电话:(010)57512575
http://www.sinopec-press.com
E-mail:press@sinopec.com
北京艾普海德印刷有限公司印刷
全国各地新华书店经销

*

787×1092 毫米 16 开本 7.5 印张 142 千字
2022 年 4 月第 1 版　2022 年 4 月第 1 次印刷
定价:58.00 元

《油田企业模块化、实战型技能培训系列教材》编委会

《配电线路岗技能操作标准化培训教程》编委会

主　　编　耿宪福

副 主 编　李金龙　徐宏英　韩少宏

编写人员　李金龙　徐宏英　韩少宏　李建玲　刘江伟
　　　　　潘　宁　李玉国　魏军源　邢九明　彭瑞敏

审核人员

主　　审　孙　刚

审核人员　孙　刚　韩少宏　王教波　房守敏　赵魏军
　　　　　马　鹏　陈文琳

序　言

为贯彻落实中原石油勘探局有限公司、中原油田分公司（以下简称中原油田）人才强企战略，通过开展专项技能培训和考核，全面提升技能操作人员工作水平，促进一线生产提质增效，由中原油田人力资源部牵头，按照相关岗位学习地图，分工种编写了系列教材——《油田企业模块化、实战型技能培训系列教材》，本书是其中一本。

本书具有鲜明的实战化特点，所有内容模块都围绕生产实际业务或操作项目设置，既能成为提升实际工作能力的培训教材，也可以作为指导岗位操作的工具书。其内容具备系统性，既包括施工前准备、执行操作流程、操作要点与质量标准，也包括安全注意事项及事故应急处理等内容，体现了“以操作技能为核心”的特点。所有编写人员均来自基层单位，有基层技能操作专家，也有技术骨干等，真正体现出“写我所干，干我所写”的理念。

本书适用于相关工种员工的日常学习，以及基层单位组织集中培训、岗位练兵等使用，每本教材后都附有本工种学习地图，使本工种各技能等级员工都能找到自己的努力方向和学习内容，为广大员工开展个性化岗位学习、提高学习效率点亮一盏指路明灯。

同时，本书也向广大读者传达一种“学、做翻转”的人才培训思路：即打破参加培训就是到课堂学习知识的传统思维方式，把“学习知识、了解流程、掌握标准”的活动放在工作岗位，通过对教材内容的学与练，提升职业技能水平；只有遇到岗位学习或工作中难以解决的问题时，才考虑参加集中培训，通过对具体问题解决过程的体验、学习与感悟，提升学习者解决实际问题的能力。

当然，本书的编写也是实战型培训教材开发的初步实践，尽管广大编者尽其所能投入编写，也难免存在有不妥之处。期望广大读者、培训教师、技术专家及培训工作者多提宝贵意见，以促进教材质量不断提高。

《油田企业模块化、实战型技能培训系列教材》编写委员会

2022 年 2 月

前　言

本书是面向油田配电线路工编制，针对配电线路工岗位实际工作中所需知识、技能而编写的培训教材，涵盖目前中原油田配电线路工的日常工作内容。教材以“实战型”为主，以岗位规范、作业规程及技术标准为依据，将施工现场涉及的人员、设备、材料、作业方法融入各项目内容之中，体现施工现场的工作准备、操作步骤、注意事项等实际操作内容；较充分考虑了配电线路工作特点、设备及最新技术的发展现状，并重点考虑安全生产需要，旨在提高操作人员的安全风险意识、自我保护能力和规范化操作意识；突出教材的实战性，以解决生产业务实际问题为重点，努力与生产一线贴近，与现场实际贴近。

本书主要为技能操作教材，全书共分三个单元，第一单元介绍了工具、仪表的使用；第二单元介绍了设备巡视与倒闸操作；第三单元介绍了线路缺陷事故处理。

本书主要由高级工程师耿宪福、教授级高级工程师李金龙、高级会计师徐宏英和高级工程师韩少宏编写。其中第一单元由耿宪福、韩少宏、彭瑞敏、邢九明、刘江伟编写，第二单元及第三单元由李金龙、徐宏英、魏军源、潘宁、李玉国、李建玲编写，全书由邢九明、刘江伟统稿。本书由孙刚主审，并提出了许多有益的建议和意见。由于编者水平、经验有限，书中存在疏漏、不当之处，敬请广大读者提出批评指正。

目　　录

单元一　工具、仪表的使用…………（1）
模块一　普通仪表的使用…………（1）
项目一　兆欧表的使用…………（1）
项目二　数字式接地电阻测试仪的使用…………（3）
模块二　精密仪表的使用…………（6）
项目一　无线高压数字核相仪核相…………（6）
项目二　无线高压数字核相仪测相序…………（9）
项目三　无线高压数字核相仪验电…………（10）
模块三　智能管线探测仪…………（12）
项目一　智能管线探测仪直连法探测路径…………（12）
项目二　智能管线探测仪耦合法探测路径…………（15）
项目三　智能管线探测仪感应法探测路径…………（18）
模块四　电缆故障测试仪…………（20）
项目一　低压脉冲法探测电缆故障…………（20）
项目二　高压闪络法探测电缆故障…………（22）
模块五　常用工器具的使用…………（24）
项目一　多功能紧线器的使用…………（24）
项目二　手拉（手扳）葫芦的使用…………（25）
项目三　导线压接钳的使用…………（27）
项目四　人字梯的使用…………（28）
项目五　手持切割机的使用…………（29）
项目六　滑轮的使用…………（31）
项目七　马刀锯的使用…………（32）
项目八　卡头、勾头（卡线器）的使用…………（33）
项目九　电动扳手的使用…………（34）

项目十　液压破帽器的使用……………………………………………………………（35）
项目十一　油锯的使用………………………………………………………………（36）
项目十二　液压冲孔机的使用…………………………………………………………（37）
单元二　设备巡视及倒闸操作……………………………………………………（39）
模块一　设备巡视……………………………………………………………………（39）
项目一　线路本体的巡视……………………………………………………………（39）
项目二　线路附属设施的巡视…………………………………………………………（41）
项目三　线路走廊保护区的巡视………………………………………………………（43）
项目四　电缆线路的巡视……………………………………………………………（45）
模块二　倒闸与操作…………………………………………………………………（48）
项目一　6kV、35kV 跌落式熔断器停、送电操作　……………………………………（48）
项目二　6kV 户外柱上真空断路器停、送电操作………………………………………（49）
项目三　6kV 高压电缆分支箱出线开关停、送电操作…………………………………（50）
项目四　6kV 高压电缆分支箱进线开关停、送电操作…………………………………（52）
单元三　线路缺陷处理……………………………………………………………（54）
项目一　更换拉线……………………………………………………………………（54）
项目二　更换绝缘子…………………………………………………………………（60）
项目三　导线断股的修复工作（裸导线）　……………………………………………（66）
项目四　架空线路直线杆正杆…………………………………………………………（71）
项目五　架空线路转角杆正杆…………………………………………………………（75）
项目六　更换跌落式熔断器……………………………………………………………（78）
项目七　更换跌落式熔断器熔丝………………………………………………………（81）
项目八　更换避雷器…………………………………………………………………（84）
项目九　更换横担及金具……………………………………………………………（87）
项目十　架空裸导线断线连接…………………………………………………………（93）
附件 1　触电事故应急处置…………………………………………………………（99）
附件 2　高空坠落事故应急处置……………………………………………………（102）
附件 3　物体打击事故应急处置……………………………………………………（103）
附件 4　扭伤事故应急处置…………………………………………………………（104）
附件 5　中暑事故应急处置…………………………………………………………（105）
附件 6　机械伤害应急处置…………………………………………………………（106）
附录　配电线路工技能操作员工学习地图…………………………………………（108）
参考文献…………………………………………………………………………（110）

单元一　工具、仪表的使用

模块一　普通仪表的使用

项目一　兆欧表的使用

1　项目简介

兆欧表(图 1－1)是用来检查电气设备和供电线路的对地或相间的绝缘电阻，通过测量结果可判断其绝缘性能好坏，保证这些设备、电器、线路工作在正常状态，避免发生触电伤亡、设备损坏等事故。兆欧表的接线如图 1－2 所示。

图 1－1　兆欧表

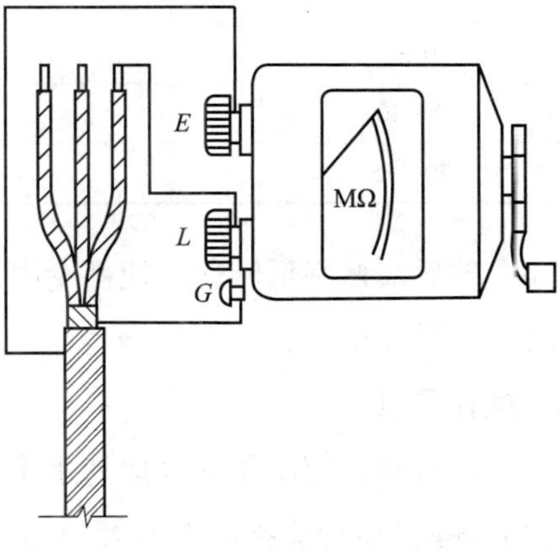

图 1－2　兆欧表的接线

2　操作前准备

2.1　穿戴整齐劳保用品，并准备兆欧表 1 块、待测设备 1 台、常用电工工具 1 套、(放电)线或棒 1 根。

2.2　测量前，应切断被测电器及回路的电源，使用专用接地线对被测设备进行充分放电，以保证人身安全，测量结果准确，防止兆欧表损坏。

3　操作步骤

3.1　L、E、G 连接线接线。

3.1.1　测量电缆对地电阻时，L 端连接三相中任意一相，E 端连接接地线或金属外壳。

3.1.2　测量电缆相间绝缘时，L 端、E 端分别连接电缆导体其中两相，电缆的屏蔽层接至 G 端；测量完毕后，进行放电，然后使用同样方法测量，共计测量 3 次，即：A 相对 B 相、B 相对 C 相、A 相对 C 相。

3.2　测量前要检查兆欧表是否处于正常工作状态，主要检查其“0”和“∞”两点。

3.3　确认兆欧表的 L、E、G 3 个接线端已连接正确。

3.4　左手中指与食指按住兆欧表右上端，大拇指按住兆欧表左上端，右手轻轻摇动摇把，缓慢加快速度，转速约 120r/min。

3.5　肉眼观察表盘上数字屏幕，常用设备合格绝缘阻值见表 1－1、表 1－2。

表 1－1　电动机绝缘阻值

电压等级/V	绝缘阻值/MΩ	备注
1000 以下	≥0.5	
1000 以上	≥1	

表 1－2　电力电缆绝缘阻值

电压等级/kV	绝缘阻值/MΩ	备注
0.38	≥0.5	
1～10	≥400	
20～35	≥600	

3.6　然后缓慢降低转速，使用专用接地线对 L 端、E 端进行放电。

3.7　测量完毕后，清理现场。

4　操作要点

4.1　测量时，应将兆欧表保持水平位置，左手按住表身，右手摇动兆欧表摇柄，转速约 120r/min，指针应指向无穷大（∞），否则说明兆欧表有故障。

4.2　测量时保持稳定转速 1min 后取读数。

4.3　测量电缆的绝缘电阻时，为防止电缆表面泄漏电流对测量精度产生影响，应将电缆的屏蔽层接至 G 端。

4.4　停止摇动兆欧表后，使用“L”表笔碰触接地线进行放电，放电时间不小于 2min。

4.5　兆欧表接线柱引出的测量软线绝缘应良好，两根导线之间和导线与地之间应保持适当距离，以免影响测量精度。

5　安全注意事项

5.1　测试时人体不要接触被测电缆及 L 及 E 端，测量完毕要先断开 L 端后停摇。

5.2　摇动兆欧表时，不能用手接触兆欧表的接线柱和被测回路，以防触电。

5.3　摇动兆欧表后，各接线柱之间不能短接，以免损坏。

5.4　测量电缆绝缘电阻时，在电缆的另一端应有专人监护，以免过往行人触电。

6　突发事件应急处置

6.1　触电应急处置见附件 1。

6.2　机械伤害应急处置见附件 6。

项目二　数字式接地电阻测试仪的使用

1　项目简介

数字接地电阻测量仪(图 1 －3)是在接地电阻测试仪(接地摇表)的基础上，摒弃了传统的人工手摇发电工作方式，采用先进的大规模集成电路，应用 DC/AC 变换技术将三端钮、四端钮测量方式合并为一种机型的新型接地电阻测量仪。

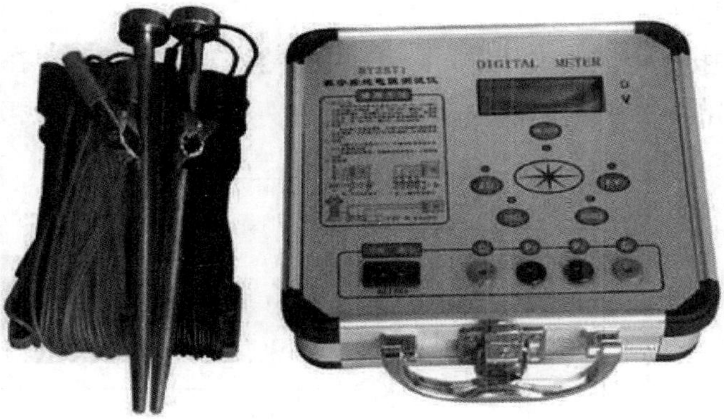

图 1 －3　数字式接地电阻测试仪

2　操作前准备

2.1　准备数字接地电阻测量仪一台及测量用探针、导线及其他相关仪器配件。

2.2　检查测量仪外观及部件是否完好，并进行测试功能检测。

2.3　若发现设备接地部位已锈蚀，应先使用砂纸进行打磨，以免接触不良，影响测量准确度。

3　操作步骤

3.1　沿被测接地极 E(C2、P2)和电位探针 P1 及电流探针 C1，依直线彼此相距 20m，使电位探针处于 E、C 中间位置，按要求将探针插入大地，如图 1 －4 所示。

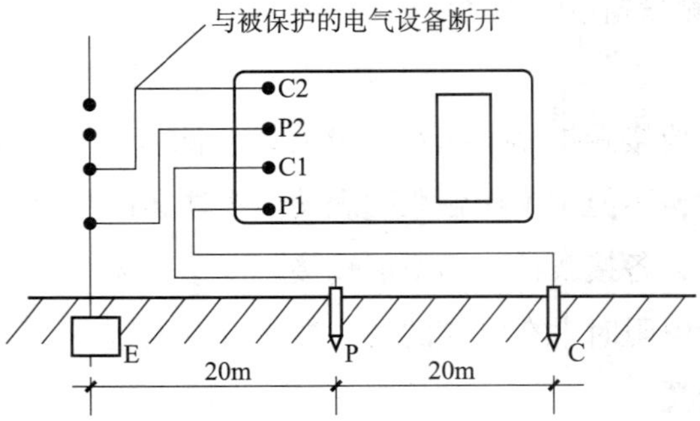

图 1-4 数字式接地电阻导线连接示意图

3.2 用专用导线将电阻仪端子 E(C2、P2)、P1、C1 与探针所在位置对应连接。

3.3 开启电阻仪电源开关“ON”，选择合适挡位轻轻按键一下，该挡指标灯亮，表头 LCD 显示的数值即为被测得的接地电阻。

3.4 将读取的数值记录至接地电阻记录本中。

3.5 测量完毕按一下电源“OFF”键，仪表关机。

4 操作要点

4.1 存放保管时，应注意环境温度湿度，应放在干燥通风的地方为宜，避免受潮，应防止酸碱及腐蚀气体。

4.2 测量保护接地电阻时，一定要断开电气设备与电源连接点。在测量小于 1Ω 的接地电阻时，应分别用专用导线连在接地体上，C2 在外侧 P2 在内侧，如图 1-5 所示。

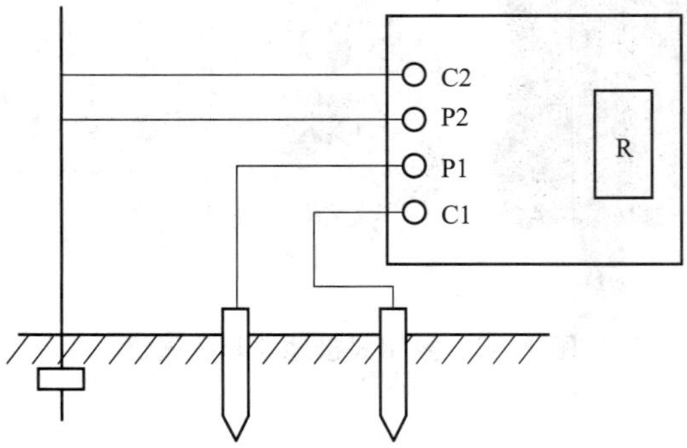

图 1-5 测量图

4.3 测量大型接地网接地电阻时，不能按一般接线方法测量，可参照电流表、电压表测量法中的规定选定埋插点。

4.4 测量接地电阻时最好在不同的方向反复测量 3~4 次，取其平均值。

4.5 本仪表为交直流两用，不接交流电时，仪表使用电池供电，接入交流时，优先使用交流电。

4.6　当表头左上角显示"←"时表示电池电压不足，应更换新电池。仪表长期不用时，应将电池全部取出，以免锈蚀仪表。

5　安全注意事项

5.1　测量接地电阻时 E－C 或 E－P 端子间会产生大于 50V 的交流电压，请勿接触测试导线以免触电。

5.2　测量保护接地电阻时，一定要断开电气设备与电源连接点。在测量小于 1Ω 的接地电阻时，应分别用专用导线连在接地体上，C2 在外侧 P2 在内侧。

5.3　测量时要遵守《电力安全规程》，严格执行现场安全措施，做好安全防护措施，测量时要安排专人监护，注意与带电体保持安全距离。

6　突发事件应急处理

触电急救见附件 1。

模块二　精密仪表的使用

项目一　无线高压数字核相仪核相

1　项目简介

无线高压数字核相仪(图1－6)应用于电力线路、变电所的相位校验和相序校验，具有核相功能，具备很强的抗干扰性，符合EMC标准要求，适应各种电磁场干扰场合。

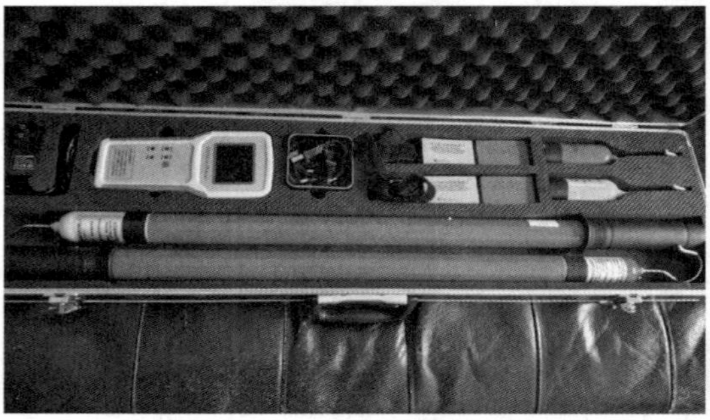

图1－6　核相仪

2　操作前准备

2.1　准备铝合金包装箱一个、校验插头线、E23A/12V电池两节。

2.2　检验绝缘棒的绝缘效验日期是否在有效日期内。

2.3　按动主机"开关"键，检查开关键显示是否正常，如图1－7所示。

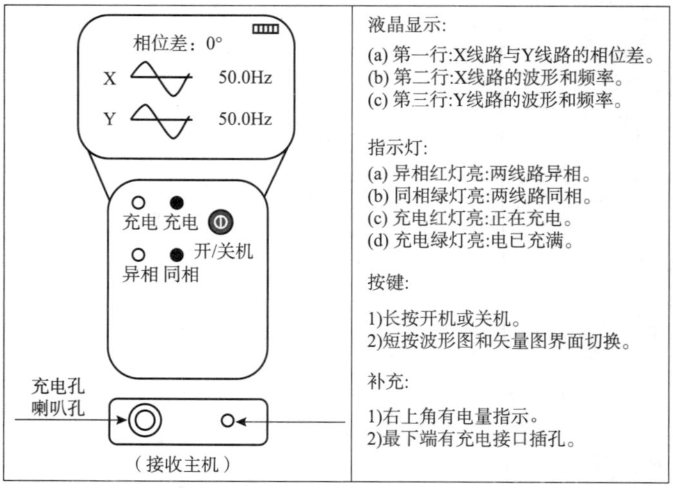

图1－7　无线高压数字核相仪显示说明

3　操作步骤

3.1　数字核相仪核相。

3.1.1　首先进行设备自检，发射器测试连接线按如图 1－8、图 1－9 所示，发射器启动，蜂鸣 2s，红绿两指示灯交替闪烁，接受主机开机，在测量界面显示对应发射器信息，则发射器与主机工作均正常。

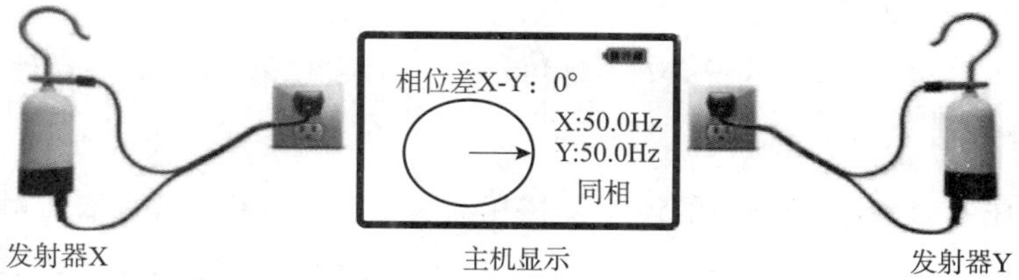

图 1－8　发射器自检

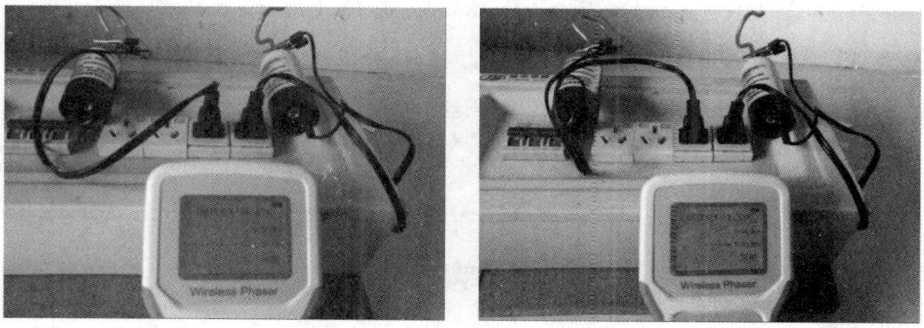

图 1－9　主机自检

3.1.2　轻按手持机正面电源开关开机。

3.1.3　将伸缩式绝缘杆拉伸到最长位置(3.1m)。

3.1.4　将 X 和 Y 采集器分别安装在绝缘杆上(采集器有挂式和针式两种接触头，可根据需要选用，更换时将采集接触头逆时针方向旋转即可)。

3.1.5　将 X 和 Y 采集器同时放到电网同一侧线路的同一相上，手持机显示屏应显示 X、Y 信号正常，蜂鸣器发声，结果显示同相，相位显示在 15°以内；如图 1－10 所示。

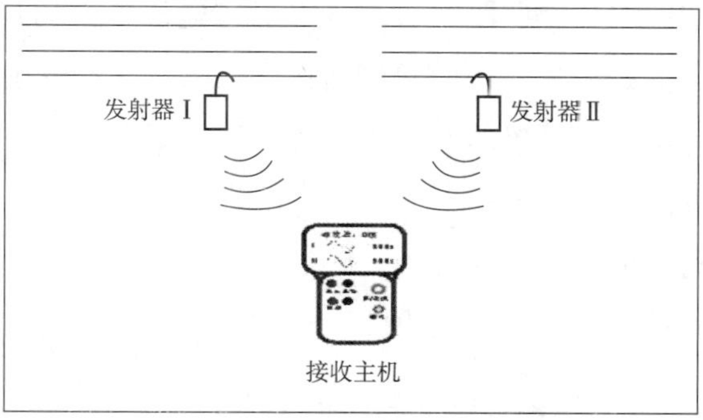

图 1－10　核相仪核相原理示意图

3.1.6　将X和Y采集器分别放到电网同一侧线路的不同相上，主机显示屏应显示X、Y信号正常，结果显示不同相，相位显示为120°或240°，相位误差在15°以内，表示仪器可正常使用。

4　操作要点

4.1　试验过程中，X、Y采集器之间必须保持在通信距离范围之内，即：X、Y采集器之间的视距在80m范围内。

4.2　在电压等级≤35kV的设备处核相时，X、Y采集器可直接挂在线路的导线或绝缘皮上进行核相。

4.3　在电压等级66～220kV的设备处核相时，X、Y采集器可采取接触或非接触式核相。若110kV或220kV电压等级的设备处采取非接触式核相，可将X、Y采集器放在高压导线正下方300mm或1000mm处即可测量。

4.4　要得到稳定数值，应将其中一采集器放到高压线一采集点上不动，再将另一采集器围绕高压线另一采集点前后左右移动，以找出最佳的测量角度。

4.5　现场校验正常后，先将X采集器放到电网一侧线路的某一相线路上不动，再将Y采集器放到电网另一侧线路的任意一相线路上。

4.6　发射器尽量置于开阔处，不能大于有效接收器距离。使用过程中避免同时使用无线电发射装置(对讲机等)，以免干扰接收器无法判别。

5　安全注意事项

5.1　现场测试时，操作人员应按电力部门高压测试安全距离标准进行操作，核相操作应3人进行，两人操作，一人监护。

5.2　测试绝缘杆电压等级为≤220kV。

5.3　每次使用前请认真检查绝缘杆的绝缘性能，注意天气情况，严格遵守国家高压试验的相关规定。

5.4　使用时应认真执行本单位安全规章制度，并严格遵守《DL/T 408—1991 安全工作规程(发电厂变电所电气部分)》相关规定，仔细保管仪器，定期检查绝缘。

5.5　绝缘杆为6节伸缩式，在使用时，不管工作电压是否为最高电压，均要把伸缩绝缘杆拉到最长状态(约3.1m)，手握时只能握在第六节上，不得在第五节上握手。

5.6　核相时，手持位置不要超过绝缘杆手柄位置。

6　突发应急事件处理

6.1　触电急救见附件1。

6.2　高空坠落见附件2。

项目二　无线高压数字核相仪测相序

1　项目简介

无线高压数字核相仪(图1－6)应用于电力线路、变电所的相位校验和相序校验，具有测相序功能。具备很强的抗干扰性，符合(EMC)标准要求，适应各种电磁场干扰场合。

2　操作前准备

2.1　准备铝合金包装箱一个、校验插头线、E23A/12V 电池两节。

2.2　检验绝缘棒的绝缘效验日期是否在有效日期内。

2.3　按动主机“开关”键，检查开关键显示是否正常，如图1－7所示。

3　操作步骤

3.1　首先进行设备自检，发射器测试连接线按图1－8、图1－9所示，发射器启动，蜂鸣2s，红绿两指示灯交替闪烁，接受主机开机，在测量界面显示对应发射器信息，则发射器与主机工作均正常。

3.2　轻按手持机正面电源开关开机。

3.3　将伸缩式绝缘杆拉伸到最长位置(3.1m)。

3.4　将X和Y采集器分别安装在绝缘杆上(采集器有挂式和针式两种接触头，可根据需要选用，更换时将采集接触头逆时针方向旋转即可)。

3.5　假设某条线为A相，将X放在A相上，Y放在另一相上，如显示120°，则说明是顺相序，该相应为B，如显示240°，则是逆相序，该相应为C，如图1－11所示。

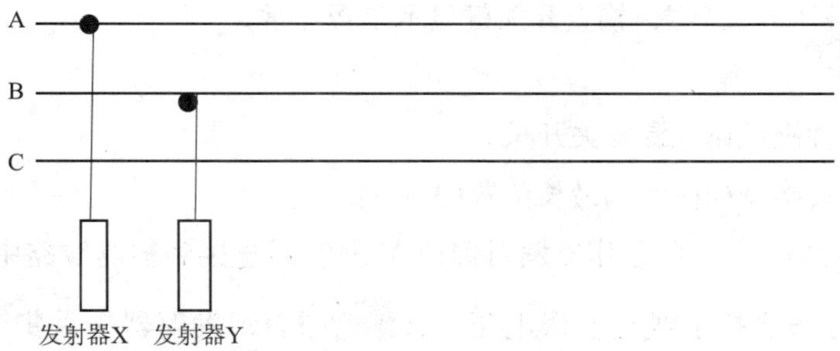

图1－11　测相序示意图

注：相位角为120°，则反射器Y为B相，若相位角为240°，则发射器Y为C相

4　操作要点

4.1　试验过程中，X、Y采集器相互之间必须保持在通信距离范围之内，即：X、Y采集器之间的视距在80m范围内。

4.2　在电压等级≤35kV的设备处核相时，X、Y采集器可直接挂在线路的导线或绝缘皮上进行核相。

4.3　发射器尽量置于开阔处，不能大于有效接收器距离。使用过程中避免同时使用无线电发射装置(对讲机等)，以免干扰接收器无法判别。

5　安全注意事项

5.1　现场测试时，操作人员应按电力部门高压测试安全距离标准进行操作，核相操作应三人进行，两人操作，一人监护。

5.2　标准配置绝缘杆3.2m，对应电压等级≤220kV。如测量线路电压高于35kV时，请使用长度大于3.2m的绝缘杆。绝缘杆使用前应进行相应的耐压试验。

5.3　操作时，手持位置不要超过绝缘杆手柄位置。

6　突发事件应急处理

6.1　触电急救见附件1。

6.2　高空坠落见附件2。

项目三　无线高压数字核相仪验电

1　项目简介

无线高压数字核相仪(图1－6)应用于电力线路、变电所的相位校验和相序校验，具有核相功能。

2　操作前准备

2.1　准备铝合金包装箱一个、校验插头线、E23A/12V电池两节。

2.2　检验绝缘棒的绝缘校验日期是否在有效日期内。

2.3　按动主机“开关”键，检查开关键显示是否正常。

3　操作步骤

3.1　轻按手持机正面电源开关开机。

3.2　将伸缩式绝缘杆拉伸到最长位置(3.1m)。

3.3　对线路验电时，可使用X发射器或Y发射器连接到被测线路中，如线路带电，接收器屏上部状态条会指示线路有误电压，如则表示发射器未采集到电压信号，若

表示发射器采集到电压信号，表示线路带电。

4　操作要点

在选择发射器时，X发射器或Y发射器可任意选择。

5　安全注意事项

5.1　现场测试时，操作人员应按电力部门高压测试安全距离标准进行操作，核相操作应三人进行，两人操作，一人监护。

5.2　所测试绝缘杆电压等级≤220kV。

5.3　每次使用前请认真检查绝缘杆的绝缘性能，注意天气情况，严格遵守国家高压试验的相关规定。

5.4　使用时应认真执行本单位安全规章制度，并严格遵守《DL/T 408—1991 安全工作规程(发电厂变电所电气部分)》相关规定，仔细保管仪器，定期检查绝缘。

5.5　绝缘杆为6节伸缩式，在使用时，不管工作电压是否为最高电压，均要把伸缩绝缘杆拉到最长状态(约3.1m)，手握时只能握在第六节上，不得在第五节上握手。

5.6　核相时，手持位置不要超过绝缘杆手柄位置。

6　突发事件应急处理

6.1　触电急救见附件1。

6.2　高空坠落见附件2。

模块三　智能管线探测仪

项目一　智能管线探测仪直连法探测路径

1　项目简介

智能管线探测仪(图1－12)是通过检测金属管线上发出的电磁波的强度而确定其位置的，所以首先由发射机将一特定频率的信号感应或直连到管线上，从而在管线上感应出电流，该电流在金属管线上传播，同时辐射出电磁波，这样，接收机用不同的方法检测这一特定频率的信号强度，信号最强的走向即为地下管线的走向，通过两组接收装置同时接收电磁波信号比较可以确定其深度。

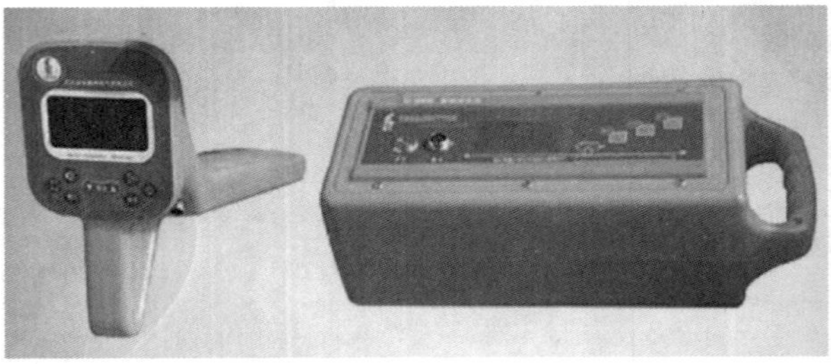

图1－12　智能管线探测仪

2　操作前准备

2.1　接收机、发射机各一台。

2.2　地钎一套。

2.3　仪器包装箱一台。

2.4　充电电池及充电器一套。

2.5　A字架一个。

2.6　车载充电器一个。

2.7　直连信号线1根。

3　操作步骤

3.1　直连条件。

3.1.1　将待测电缆的电源从配电柜处断开。

3.1.2　至少知道电缆的一个端头，并将已知端头与系统分离，包括零线和地线。

3.2　信号施加(发射机)。

3.2.1　插入连接线，关闭发射机，将直连线插入发射机输出插座，如图1－13所示。

图 1－13　连接线与发射机接线

3.2.2　将与导体连接导线的红色引线与目标——不带电的金属部件相连，如图 1－14 所示。

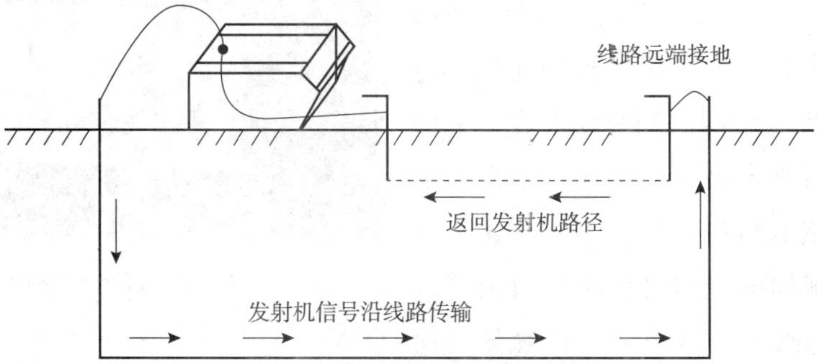

图 1－14　信号传输图

3.2.3　将连接导线的黑色引线尽量远离管线，并与管线成直角。寻找金属现成接地点(如街道牌)。注意不要靠近附近任何地下导体。若没有现成的接地点，可以用接地钎。将地钎尽量插入地下，然后接上黑色引线。

3.2.4　选择音频用于良好导体和长距离定位，而中频为音频射频的中间频率，射频为管路密集或有非金属接头的管线的一般定位。如图 1－15 所示。

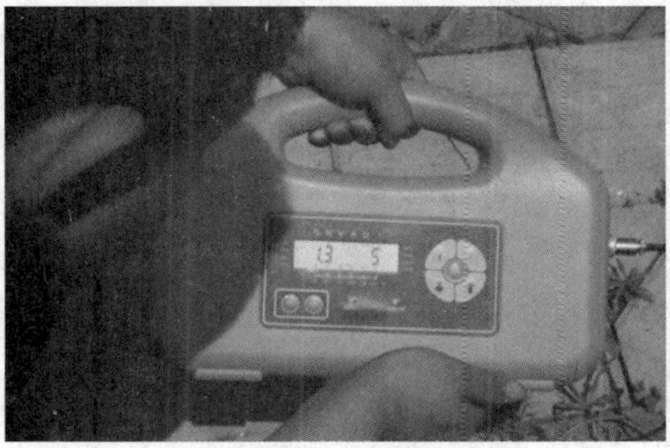

图 1－15　直连法

3.2.5　根据具体情况选择高低挡。

3.2.6　接好线后按下电源开关，发射机开始工作，自动检测环路阻抗，保证工作在最佳匹配输出状态，当液晶右上角图标开始移动时，表明发射机正稳定工作，此时观察环路阻抗值，一般在00001～03000Ω为合适。

3.3　接收机

3.3.1　手握接收机提把，手腕手臂放松机体自然下垂，拇指操作按键，离开信号施加点一定距离，目的是避开接地极及地线，避开配电柜及建筑物等障碍。

3.3.2　按下电源开关，模式选波峰(开机初始为波峰，可不用再选)频率与发射机对应，面向信号施加点，机头指向电缆起端，并绕着起端搜寻信号。开机初始增益为60dB，在此增益下，如果搜寻到信号3位数字显示999两光栅已交叉，则降增益，使得数字显示在800左右。两光栅有开口，此时保持增益不变再继续搜寻，如果3位数字再显示999则说明此处的信号比上次搜寻到的要强，再次降增益使数字显示再次到800左右，如此搜寻一圈，最后确定最小的增益，最强的信号处下方就是该电缆位置的一个点。这个过程是搜寻传输施加信号的电缆所辐射出二次磁场，排除因地线串干扰非目标电缆的二次磁场，如图1－16所示。

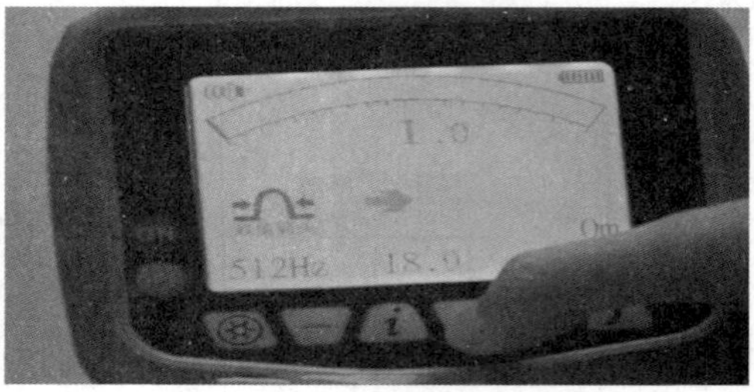

图1－16　直连法接收机调试

3.3.3　保持当前增益不变，以当前接收到的信号强度为基准(3位数字值)以该点为轴心转动接收机，接收到的信号会随转动而减弱，当减到最弱时，机头的指向与电缆在该点的走向成90°角。继续转动接收机，接收到的信号又会随转动而增强，当增强到与基准值相同时，机头的指向就是电缆的路径方向，沿着机头指向跟踪着最强信号向前走，就探测出了电缆的准确路径，这个过程就是信号的跟踪，同时也就探测出了路径，如图1－17所示。

图1－17　直连法使用方法

4　操作要点

4.1　保持手柄干燥、干净，避免被油脂污染。

4.2　不要在高温或过热的条件下使用该设备。

4.3　如果超过0.3000Ω以上，说明阻抗过大，线路中的信号很弱，应从以下4方面来调整改善。

4.3.1　改善接地极的接地条件，加湿或改系统接地。

4.3.2　把电缆所施加信号的相在另一端接地。

4.3.3　调整频率，将开机时的低频改成中频(注：直连法测电缆时中频足以满足测试)。

4.3.4　功率开机时为低挡，直连探测低挡功率完全满足。

5　安全注意事项

5.1　使用个人安全防护设备，包括手套。

5.2　避免交通事故。当在靠近公路的地方操作设备时，高度警惕周围移动的车辆并穿戴有特殊醒目标记和具有反射光线功能的衣服或马甲。

5.3　禁止未经培训的人员或小孩使用该设备。

5.4　在拆除电缆电源后，使用该仪器前，必须进行充分放电，以免电伤。

6　突发事件应急处理

6.1　触电应急处置见附件1。

6.2　扭伤应急处置见附件3。

项目二　智能管线探测仪耦合法探测路径

1　项目简介

管线探测仪是通过检测金属管线上发出的电磁波的强度而确定其位置的，所以首先由发射机将一特定频率的信号感应或直连到管线上，从而在管线上感应出电流，该电流在金属管线上传播，同时辐射出电磁波，这样，接收机用不同的方法检测这一特定频率的信号强度，信号最强的走向即为地下管线的走向，通过两组接收装置同时接收电磁波信号比较可以确定其深度。

2　操作前准备

2.1　接收机、发射机各一台。

2.2　地钎一套。

2.3　仪器包装箱一台。

2.4　充电电池及充电器一套

2.5　耦合感应夹钳一个。

2.6　车载充电器一个。

3　操作步骤

3.1　耦合条件。

3.1.1　电缆必须有已知的暴露点。

3.1.2　电缆两端必须有接地点或与地有关联的点。

3.1.3　耦合位置尽量远离端头，不要把地线卡到钳内。

3.1.4　运行电缆耦合效果比非运行电缆效果好，而且运行电缆可以卡相线耦合信号。

3.2　耦合信号施加(发射机)。

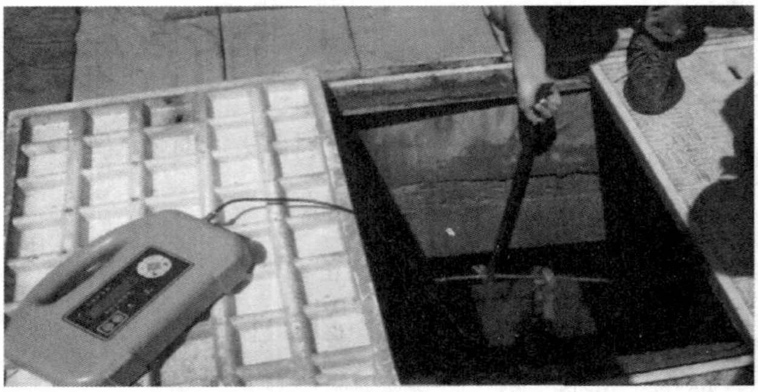

图1－18　夹钳法

3.2.1　将夹钳连接线连接发射机，夹钳夹在目标电缆上与发射机多芯航空座相连。如图1－18所示。

3.2.2　打开发射机，仪器自动选择33kHz，将增益调至为5挡。发射机应平行放置在电缆的上方，如图1－19所示。

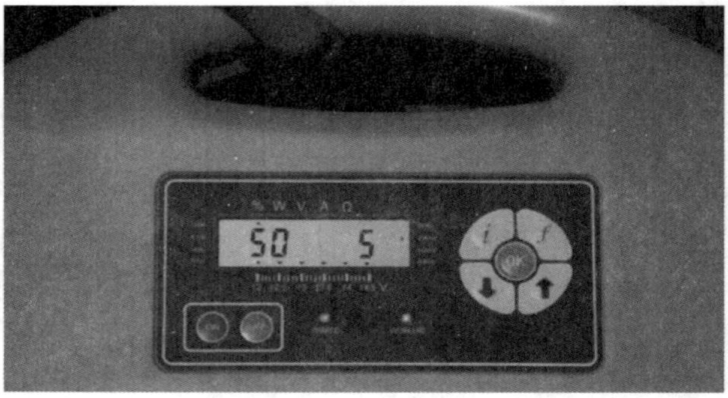

图1－19　发射机参数选择

3.2.3　打开接收机，将频率调至与发射机相对应33kHz，如图1－20所示。

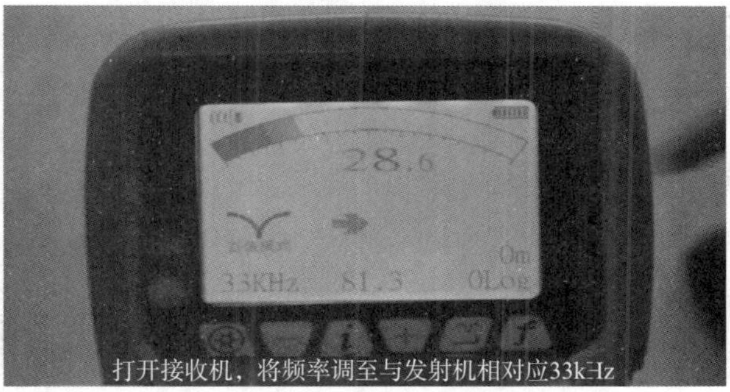

图 1-20 接收机参数选择

3.2.4 探测模式选择峰值箭头模式，长按“+”键将灵敏度调至合适大小，手持接收机与发射机垂直，左右移动探测，响应最大的地方即为目标管线位置。在管线正上方按下“i”键测量深度，如图 1-21 所示。

图 1-21 夹钳法使用方法

4 操作要点

4.1 安装耦合钳确保耦合钳齿口接触良好。

4.2 耦合钳平面与管线垂直，近端和远端都必须接地。

5 安全注意事项

5.1 使用个人安全防护设备，包括手套。

5.2 避免交通事故。当在靠近公路的地方操作设备时，高度警惕周围移动的车辆并穿戴有特殊醒目标记和具有反射光线功能的衣服或马甲。

5.3 禁止未经培训的人员或小孩使用该设备。

6 突发事件应急处理

6.1 触电应急处置见附件 1。

6.2 扭伤应急处置见附件 3。

项目三　智能管线探测仪感应法探测路径

1　项目简介

管线探测仪是通过检测金属管线上发出的电磁波的强度而确定其位置的，所以首先由发射机将一特定频率的信号感应或直连到管线上，从而在管线上感应出电流，该电流在金属管线上传播，同时辐射出电磁波，这样，接收机用不同的方法检测这一特定频率的信号强度，信号最强的走向即为地下管线的走向，通过两组接收装置同时接收电磁波信号比较可以确定其深度。

2　操作前准备

2.1　接收机、发射机各一台。

2.2　地钎一套。

2.3　仪器包装箱一台。

2.4　充电电池及充电器一套。

2.5　A 字架一个。

2.6　车载充电器 一个。

3　操作步骤

3.1　打开发射机，将发射机频率调至 83kHz，将增益调至 5 挡，如图 1－22 所示。

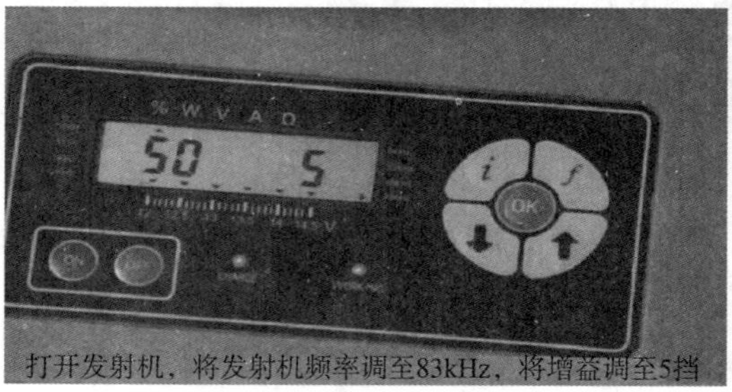

图 1－22　发射机频率调节

3.2　打开接收机，将频率调至与发射机相对应 83kHz，如图 1－23 所示。

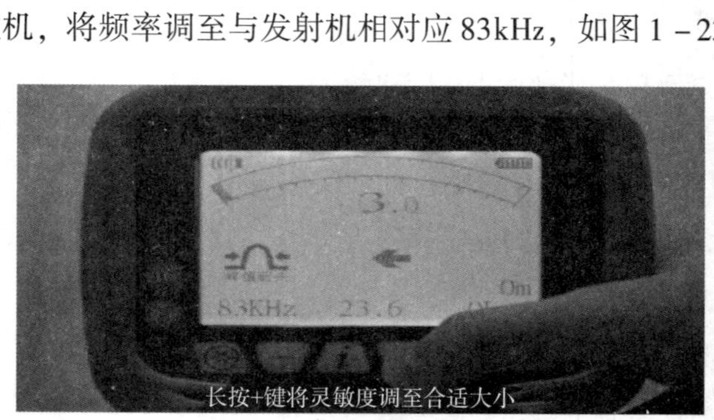

图 1－23　接收机频率调节

3.3　探测模式选择峰值箭头模式，长按“＋”键将灵敏度调至合适大小，两人同时平行手持接收机与发射机垂直，左右移动探测，响应最大的地方即为目标管线位置，如图1－24所示。

图1－24　感应法探测路径

4　操作要点

4.1　电缆两端必须有接地点或与地有关联的点。

4.2　发射机放置在电缆的已知点上方，并且感应测试线与电缆在此点的走向一致。

4.3　集中注意力，专注于自己的工作。

4.4　保持正确的姿势和注意身体平衡。

4.5　使用正确的附件，如保持机器设备稳定的装置。

4.6　仔细检查破损零部件及任何可能引起设备损坏的环境。

5　安全注意事项

5.1　使用个人安全防护设备，包括手套。

5.2　避免交通事故。当在靠近公路的地方操作设备时，高度警惕周围移动的车辆并穿戴有特殊醒目标记和具有反射光线功能的衣服或马甲。

5.3　不要将天线浸在水中，将该设备放置于干燥的环境中。

5.4　禁止未经培训的人员或小孩使用该设备。注意保存该设备，避免以上人员可以轻易拿到。

6　突发事件应急处置

6.1　触电应急处置见附件1。

6.2　扭伤应急处置见附件3。

模块四　电缆故障测试仪

项目一　低压脉冲法探测电缆故障

1　项目简介

低压脉冲法适用于通信和电力电缆的断线、接触不良、低阻性接地和短路故障以及电缆的全长和波速的测量。测量电缆故障时，电缆可视为一条均匀分布的传输线，在电缆一端加脉冲电压，则此脉冲按一定的速度(取决于电缆介质电常数和导磁系数)沿线传输，当脉冲遇到故障点(或阻抗不均匀点)就会发生反射，用闪测仪记录下发送脉冲和反射脉冲之间的传输时间 ΔT，则可按已知的传输速度 V 来计算出故障的距离 L_x，$L_x=\dfrac{V\cdot\Delta T}{2}$；测全长则可利用终端反射脉冲：$L=\dfrac{V\cdot T}{2}$，同样已知全长可测出传输速度：$V=\dfrac{2L}{T}$，如图 1－25、图 1－26 所示。

图 1－25　测试仪面板示意图

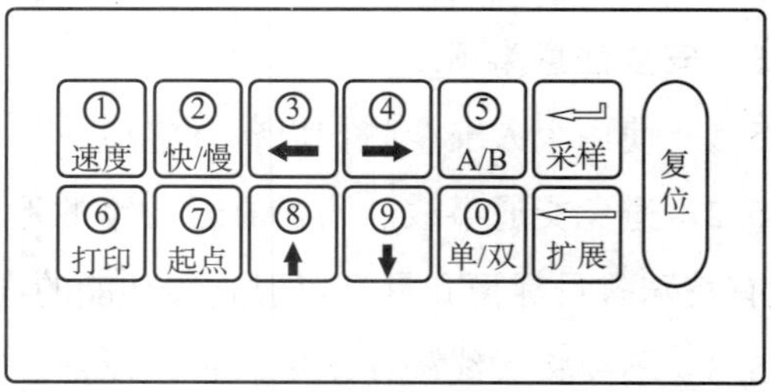

图 1－26　闪测仪键盘排列示意图

2　操作前准备

2.1　电缆故障测试仪 1 台。

2.2　测试仪附件 1 套。

2.3　脉冲触发工作状态下，按下电源开键，液晶显示屏上将显示仪器主视窗口，宣传品上有故障距离、波速、测量范围，以及比例等字样及数据。

2.4　按面板“◀或▶”键，仪器中间位置的活动光标将会移动，此时，故障距离数据相应变动。

2.5　调节增益电位器，仪器屏上显示的波形幅度将会增大或减小。

3　操作步骤

3.1　用兆欧表或万用表在电缆一端测量各相对地及相之间的绝缘电阻，根据阻值高低确定是低阻短路或断线开路，或者是高阻闪络性故障，当阻值低于1000Ω为低阻故障，0～几十欧姆为短路故障，阻值极高到无限大为开路或断线故障。

3.2　测全长操作步骤如下：开机（上电复位）→复位（主菜单）→键1（工作选择菜单）→键1（脉冲菜单）→键1（测全长）。

3.3　测电波在电缆中传输速度时，必须知道电缆全长。操作方法如下：开机（上电复位）→复位（主菜单）→键1（工作选择菜单）→键1（脉冲菜单）→键3（测速度），然后按图1－27接线，键入全长值并回车。采样波形、定光标方法与测全长时相同，当分别定光标起点、终点后，屏幕左上角将显示测试速度值。

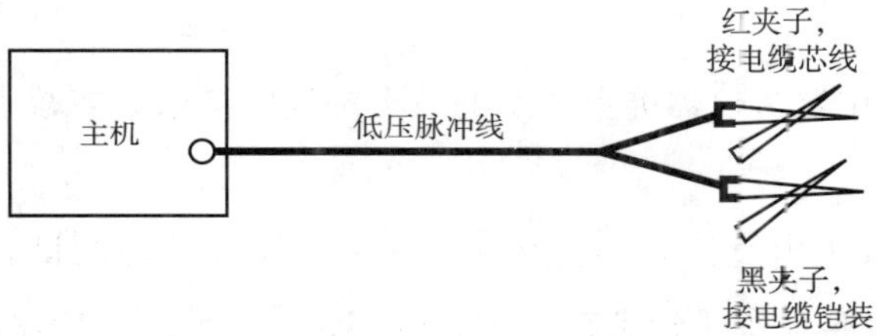

图1－27　低压脉冲法接线图

3.4　根据 $L=\frac{V\cdot T}{2}$ 计算出电缆故障点。

4　操作要点

4.1　脉冲法测试时，注意要甩掉局内所有设备，在最外线上进行测量。

4.2　测试人员必须注意，每次与电缆接线前，将电缆各相线与地用短路线连接放电，放电时必须先将短路线一端接地，另一端分别接电缆各相线放电。

5　安全注意事项

5.1　个人劳保齐全，穿戴好工衣。

5.2　在对电缆测试前，应对电缆进行充分放电。

6　突发事件应急处理

6.1　触电应急处置见附件1。

6.2　扭伤应急处置见附件3。

6.3　机械伤害应急处置见附件6。

项目二　高压闪络法探测电缆故障

1　项目简介

用高压闪络法测试时，不管电缆故障是高阻故障，还是低阻故障，均可用高压冲闪法进行测试。

2　操作前准备

2.1　电缆故障测试仪 1 台。

2.2　测试仪附件 1 套。

2.3　脉冲触发工作状态下，按下电源开键，液晶显示屏上将显示仪器主视窗口，宣传品上有故障距离、波速、测量范围，以及比例等字样及数据。

2.4　按面板“◀或▶”键，仪器中间位置的活动光标将会移动，此时，故障距离数据相应变动。

2.5　调节增益电位器，仪器屏上显示的波形幅度将会增大或减小。

3　操作步骤

3.1　闪测仪开机(上电复位)→复位(主菜单)→键 1(故障测试)→键 3(冲闪)。选择故障测试(键 1)后，屏幕显示工作选择菜单，按键 3 进入冲闪工作模式。

3.2　进入冲闪后，屏幕提示冲闪接线图电流取样接线图。根据实践，电流取样接线简单，安全性高，波形易于识别，因此推荐使用电流取样。电流取样接线如图 1－28 所示。

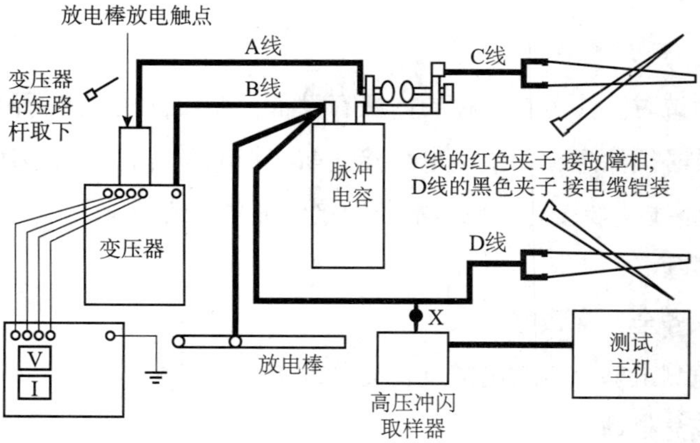

图 1－28　电流取样冲闪法接线图

3.3　根据接线图连接完毕后，再用速度键选择传输速度或重新键入速度值并回车确认。然后按采样键，仪器进入等待采样状态。

3.4　调整球隙、输入振幅旋钮后，合闸通电对故障电缆升压。电压升到一定值，球隙放电。

4　操作要点

4.1　使用闪络法测试时，必须将触发工作方式开关置于“闪络”位置。

4.2　在使用直闪法或冲闪法测试时，要注意人身安全及设备安全。

4.3　在闪络法测试结束后，切断电源，拆除本仪器与高压测试装置的连接线，再对高压电容器和电缆的所贮电荷进行放电。

5　安全注意事项

5.1　高压冲闪法测试时，主要放高压脉冲电容器和测试电缆的高压电，要用专用带电阻的放电棒放电。

5.2　高压闪络法测试完毕，必须反复对电容器及电缆放电，方可用低压脉冲法重新对电缆进行测试操作。

6　突发事件应急处理

6.1　触电应急处置见附件1。

6.2　机械伤害应急处置见附件6。

模块五　常用工器具的使用

项目一　多功能紧线器的使用

1　项目简介

多功能紧线器(又称手扳紧线器)(图1－29)多功能紧线器包括卡线部分和紧线部分，其特征是它的紧线部分安装了棘轮，同时还装有一个牙轮，实现双轮、双方向、双保险，提高了额定拉力，增加了安全系数，扩大了使用范围。配有1t、3t、5t三种拉力规格，可牵拉的绳索直径由4mm到240mm，本身质量只有4～5kg；紧线器棘轮式手把可360°旋转，附有自动刹车装置，省力。

图1－29　紧线器

2　操作前准备

2.1　穿戴整齐劳保用品，脚扣、安全带、大绳备好。

2.2　检查紧线器上的钢丝绳是否有损坏破股、断裂。

2.3　检查螺母是否拧紧，检查螺杆、销子是否损坏。

2.4　检查挂钩弹片是否完好。

3　操作步骤

3.1　把紧线器上的钢丝绳或镀锌铁线松开，并固定在横担或拉线棒上。

3.2　用卡头夹住导线或拉线，紧线器挂钩挂卡头或导线上，扳动紧线器进行紧线工作。

3.3　线路收紧后，需要将收紧的拉线或者导线固定在绝缘子或线夹上。

3.4　松开紧线器，重新将钢丝绳或镀锌铁线绕在棘轮的滚筒上，并将回收完好的紧线器放回原处，以备下次使用，如图1－30所示。

图 1－30　紧线器操作图

4　操作要点

4.1　为增大卡头与导线的接触面积，使用前应在导线上缠绕 3～5cm 的铝包带，这样就避免卡头在导线上来回滑动，延误施工作业期限。

4.2　在使用紧线器时，应向定位沟方向扳动收紧齿轮，不得向相反方向进行扳动。

5　使用注意事项

5.1　使用没有破损的紧线器，标签能清晰地表明拉力规格。

5.2　使用前要检查紧线器上的钢丝绳是否有损坏或者连接松动的地方，如果有应调整好再使用。

5.3　紧线器在使用之前要检查上面螺母是否拧紧，如果螺母松动，要及时把松动的螺母拧紧。

5.4　紧线器在使用之前要检查里面是否有卡东西，如果卡东西要及时取出，不然在使用时会卡住。

6　突发事件应急处理

6.1　高空坠落应急处置见附件 2。

6.2　机械伤害应急处置见附件 6。

项目二　手拉（手扳）葫芦的使用

1　项目简介

手拉葫芦（图 1－31）适用于工厂、矿场、农业、电力、建筑的生产施工、货物起吊、车辆装卸等，尤其对于露天及无电源作业，更有其重要功用。除可单独使用外，与各型手拉单轨行车配套使用组成手拉起重运输小车，实现左右行走提升重物，适用于单轨架空运输、单梁桥式起重机和悬臂式起重机上。手拉葫芦主要机件选用合金钢材料制造，采用

800MPa高强度起重链条，高强度足料吊钩。链条经过热处理，低磨损、防腐蚀，锻打式的吊钩设计确保了缓慢起升以防过载，符合欧洲CE安全标准。

图1－31　手拉（手扳）葫芦

2　使用前准备

2.1　穿戴整齐劳保用品。

2.2　齿轮部分应经常加油润滑，棘爪、棘爪弹簧和棘轮应经常检查。以防止制动失灵，吊运构件时自坠伤人损物。

2.3　葫芦经过清洗维修，应进行空载试验，确认工作正常、制动可靠时，才能交付使用。

3　使用步骤

3.1　操作者应站在与手链或手柄在同一平面内拽动链条，使手链轮沿顺时针方向旋转，即可使重物上升；反向拽动手链条，重物即可缓缓下降。

3.2　使用时，挂好起吊物件，慢慢拉动牵引链条或转动手柄，待起重链条受力后，再检查齿轮啮合，以及自锁装置的工作状态，确认无误后方可继续作业。

4　操作要点

4.1　使用中起重量不得超过其额定起重量，在－10℃以下，不得超过其额定起重量的一半。

4.2　拉动链条时．应均匀和缓，并应与链轮盘方向一致，不得斜向拽动，以防发生跳链、掉槽、卡链现象。

5　安全注意事项

5.1　严禁超载使用。

5.2　严禁用人力以外的其他动力操作。

5.3　使用前检查吊钩、链条、轮轴、链盘，如有锈蚀、裂纹、损伤、传动部分不灵活严禁使用。

5.4　在起吊重物时，严禁人员在重物下做任何工作或行走，以免发生人身事故。

5.5　在起吊过程中，无论重物上升或下降，拽动手链条时，用力应均匀和缓，不要用力过猛，以免手链条跳动或卡环。起重链条应垂直悬挂，不得有错扭的链环。

5.6　制动器的摩擦表面必须保持干净。制动器部分应经常检查，防止制动失灵，发生重物自坠现象。

6　突发事件应急处理

6.1　高空坠落应急处置见附件2。

6.2　机械伤害应急处置见附件6。

项目三　导线压接钳的使用

1　项目简介

导线压接钳(图1－32)是一种用冷压的方法来连接铜、铝导线的五金工具，特别是在铝绞线和钢芯铝绞线敷设施工中常要用到它。压接钳大致可分为手压和油压两类。导线截面为35mm^{2}及以下用手压钳，35mm^{2}以上用齿轮压钳或油压钳。随着机械制造工业的发展，电工可采用的机械工具越来越多，使用这些工具不仅能大大降低劳动强度，而且能成倍的提高工作效率，所以电工有必要了解、掌握这些工具，要善于运用这些先进工具。铝的产量多，价格便宜，因此，铝线已越来越广泛地代替铜线。铝线有镀锡的和不镀锡的两种，镀锡铝线一般可采用像铜线一样的连接方法；不镀锌的铝线很容易氧化，若连接不妥，连接处就会发热，甚至会影响电路安全。

图1－32　导线压接钳

2　操作要点

2.1　检查各部位螺杆、销子连接完好。

2.2　检查液压部位是否漏油。

2.3　液压模块是否丢失与损坏。

3　使用步骤

3.1　将两导线端穿进相同材料制成的压管中。

3.2　关闭油阀、手柄向上抬起时，柱塞向外移动，进油阀下腔产生真空，油箱内的油进柱塞腔。

3.3　手柄下压时，柱塞向内移动，油受压后，使进油阀封闭，打开出油阀，使油压进液压缸，推动活塞和阳模。阳、阴模之间放有压接管。

3.4 当压接被挤压的坑深到一定值时，开启回油阀，活塞自动返回。

3.5 压完一个坑后，移动压钳，再压下一个。

4 操作要点

4.1 正确选择连接金具。连接金具(包括连接管和接线端子)的规格尺寸和材料性能应符合电缆或导线导体截面。

4.2 压接钳和压接模具要配套。

4.3 压接钳的额定压力和额定工作力必须与电缆导体材料截面积相适应，压接模具的宽度要符合接面的要求，压接模具要与连接管外径相配合。

4.4 采用正确的压接工艺。压接前，应清除连接管和电缆导体或导线接触面的氧化膜、油污及导线间半导电残物。电缆导体经圆整后插入连接部位，插入长度要足够，压接顺序和每道压痕间距要符合工艺要求。压接后应清除压接部位表面毛刺。

5 安全注意事项

5.1 压接时，向下按压时，左手与右手应正确配合，以免按压时人体倾斜导致摔倒。

5.2 按压完毕后，开启回油阀前，应停止按压，以免手臂用力过大扭伤。

6 突发事件应急处理

6.1 扭伤坠落应急处置见附件4。

6.2 机械伤害应急处置见附件6。

项目四 人字梯的使用

1 项目简介

人字梯(图1－33)是用于在平面上方空间(如屋顶)进行装修之类工作的一类登高工具。

图1－33 人字梯

2 使用前准备

检查人字梯是否完好。

3　操作步骤

3.1　人字梯使用要四只脚放稳，中间要有防滑绳，单梯上下两端都要放牢固，并有专人扶梯。

3.2　上下梯子时尽量面朝梯子，保持三点接触以保持平衡。

3.3　将工具放在工具袋内或使用绳索吊升使用，不可用抛接的方式。避免伸展身体去碰触超出范围的位置，尽量避免一脚踩在梯子上，一脚踩在邻近的物品上。使用人字梯时不可登上最高两阶来操作。

4　操作要点

4.1　人字梯储存应收起直立，木梯应防潮湿、日晒与虫蛀。

4.2　应做定期检查和荷重试验，检查梯子、踏板有无变形、损坏，螺栓、钉子有无松动现象。

4.3　拉接梯子的固定拉杆或保险绳两端与横杆应有效固定，梯子底部应安有防滑套等，若有损坏应立即修复或更新。

5　安全注意事项

5.1　梯子的高度必须足够，可以以舒适的姿势工作，不可站在人字梯的最顶端作业。

5.2　立梯子前检查基底是否平整、防滑套是否损坏，梯子周围不得有凸起尖锐物。

5.3　使用个人防护具：高度超过2m时，需佩戴安全带。

5.4　上梯操作人员必须穿防滑的鞋子。

5.5　人字梯的固定拉接保险绳需固定牢固，直梯斜度不可太斜(底部宽度与高度的距离比为1∶4)。

5.6　使用梯子时，下方应有人扶梯，以求稳固，工作时佩戴安全帽，以防上方物品、工具掉落。

5.7　避免进行冲击性较大的作业：人字梯使用时，严禁进行结构冲击钻孔、通风设备安装、较重吊顶安装等作业，需要进行以上作业，必须换用移动脚手架或钢管脚手架。

5.8　搬运梯子经过走廊或转角时，要放慢速度；较长梯子在搬运时，需有一人前导，避免碰撞行人。

6　突发事件应急处理

6.1　高空坠落应急处置见附件2。

6.2　扭伤应急处置见附件4。

项目五　手持切割机的使用

1　项目简介

手持式切割机(图1－34)按供电电源不同，有单相串励式和电池式；按排屑方式不同，有干式和湿式。

图1－34　手持切割机

2　使用前准备

2.1　手持切割机一台。

2.2　备用电源一块。

2.3　检查各部位螺丝、连接电源是否有破损。

2.4　检查清理电机、防护罩。

3　使用步骤

3.1　用扳手拧下砂轮片夹，把砂轮片放上，用扳手拧紧无松动。

3.2　检查机器和电源的电压是否一样，如果相同就连上电源。

3.3　启动会产生惯性力，操作时应该用右手拿工具，左手打开电源开关。

3.4　打开开关先空转一下检查机器是否正常，如有异响立刻关闭电源，如果正常就可以开始工作了。

4　操作要点

4.1　操作时要专心致志。工作时，必须站稳，并保持正确的平衡姿势，操作过程中，不可用手越过工具取物或做其他加工。

4.2　防止意外启动。将电源插头插入插座前，应使开关处于“关”的位置。疲劳时不应使用工具。

4.3　试运转时注意：应检查切割片的完好，人不能正对齿轮。

4.4　停止转动时，若发现有异常噪声或振动，应立即关闭电源。

4.5　身体的任何部分不能太接近旋转中的切割片，更不可与之触碰。

5　安全注意事项

5.1　应保持工作场所清洁。在杂乱无章的工作场所使用电动工具，很容易发生事故。

5.2　应保持工作场所的环境。工作场所应明亮，电动工具不可淋雨，不可在潮湿的场地使用电动工具，不可在存放油漆、胶黏剂、汽油、稀释剂以及其他易燃易爆危险品场所使用。

5.3　切割工作必须在规定的转速下使用。防护罩严禁拆除。

5.4　使用安全防护眼镜，工作中如有粉尘飞扬时，应戴口罩。

5.5　注意衣服穿戴。穿宽松大袖口的衣服操作电动工具是很危险的，因为有可能给高速旋转的齿轮缠住而发生意外。

6　突发事件应急处理

6.1　扭伤应急处置见附件4。

6.2　机械伤害应急处置见附件6。

项目六　滑轮的使用

1　项目简介

滑轮（图1－35）是用来提升重物并能省力的简单机械。由可绕中心轴转动有沟槽的圆盘和跨过圆盘的柔索（绳、胶带、钢索、链条等）所组成的可以绕着中心轴旋转的简单机械叫作滑轮。

图1－35　滑轮

2　使用前准备

2.1　劳保齐全。

2.2　大绳一根。

2.3　滑轮一套。

3　使用步骤

将滑轮挂钩挂在金属构件上或其他支撑杆上，打开防脱板，将导线或钢丝绳放入滑轮内，扣上防脱板，滑轮就可以正常使用了。

4　操作要点

4.1　检查挂钩是否有拉开现象，防脱片是否损坏。

4.2　检查滑轮是否有裂纹，转动是否灵活。

4.3　检查轮轴是否有断裂弯曲。

5　安全注意事项

5.1　滑轮是转动的零件，应经常润滑，以减少磨损和防止锈蚀。每月应进行一次全面的检修。

5.2　使用滑轮或滑轮组之前应查明其允许载荷，检查滑轮的轮槽、轮轴、吊钩等有无裂纹和损伤情况。

5.3　金属铸造的滑轮，如出现裂纹、轮槽不均匀磨损达3mm、轮槽壁厚磨损达原壁厚的20%、轮槽底部磨损量超过钢丝绳径的30%以及其他损害钢丝绳的缺陷应报废。

6　突发事件应急处理

6.1　物体打击应急处置见附件3。

6.2　机械伤害应急处置见附件6。

项目七　马刀锯的使用

1　项目简介

马刀锯(图1－36)适用于管道、型材及木材的锯割，专用于锯割铁管或型材、木材、铸铁管、混凝土管及塑胶管等。

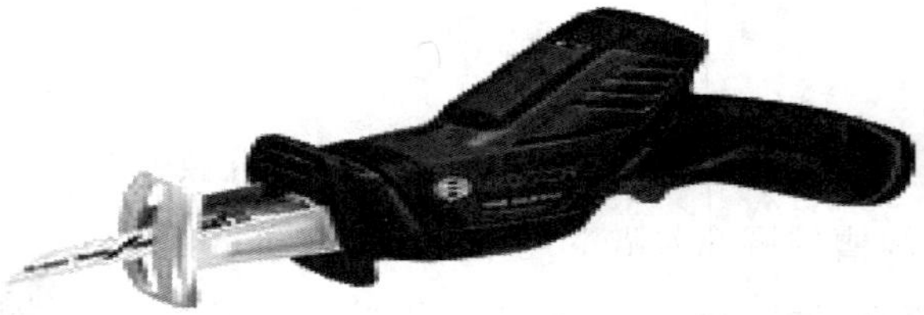

图1－36　马刀锯

2　使用前准备

2.1　劳保齐全。

2.2　马刀锯一台。

2.3　备用电源1组。

3　操作步骤

3.1　安装锯条。旋转夹头螺母逆时针转，将锯片放入卡槽当中松开螺母为止，收拔一下锯片，锯片不掉即安装完成。

3.2　使用马刀锯的时候一定要注意使用的姿势和方法，右手握住，扣动开关以后，左手应该握着上部电机部分，使马刀锯更平稳工作。

4　操作要点

4.1　使用前检查电源线是否有破损断裂，电池是否受潮和摔坏。

4.2　检查机身是否有损坏，各部位螺丝是否有丢失与损坏。

4.3　检查锯条夹头是否有损坏。

4.4　检查锯条是否有歪扭、断裂、缺齿。

5　安全注意事项

5.1　使用时应该采取安全防护措施，穿专业的工作服，切忌穿宽松的衣裤。

5.2　严禁穿短裤和拖鞋。

5.3　戴专业的防护手套，这样避免切割时被木刺或铁屑划伤，同时也能避免马刀锯条高速切割时飞出的高温铁屑烫伤。

5.4　佩戴专业防护眼镜或防护面罩，防止切屑飞溅到眼睛或刺伤面部。

5.5　工作时附近要保持清洁，不能有杂物堆放，同时周围不要有非工作人员。

6　突发事件应急处理

6.1　物体打击应急处置见附件3。

6.2　机械伤害应急处置见附件6。

项目八　卡头、勾头(卡线器)的使用

1　项目简介

卡线器(图1－37)是电力、电信、铁路电气化架空线路施工及检修中常用的握线工具，铝合金导线卡线器执行国家标准《GB 12167—2006 带电作业用铝合金紧线卡线器》。

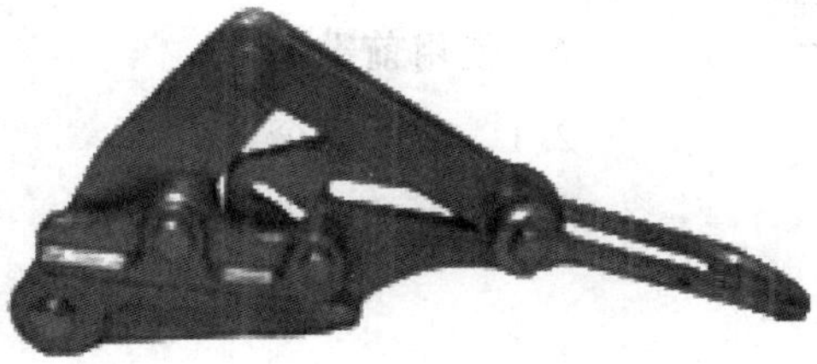

图1－37　卡线器

2　使用前准备

2.1　劳保齐全。

2.2　卡线器1套。

3　使用步骤

使用前选择好合适卡头，把卡头联动机构张开，把导线或拉线放入槽内，收紧联动机构卡槽，就可以开始工作了。

4　操作要点

4.1　检查各部位零件是否松动与丢失。

4.2　检查是否有裂纹与变形。

4.3　检查传动机构收缩是否顺畅。

5　安全注意事项

5.1　使用前检查卡头是否有裂纹和变形。

5.2　使用前检查各部位螺丝是否有松动或丢失。

5.3　检查联动机构是否顺畅。

5.4　高空工作使用时，应有防止脱落的措施。

6　突发事件应急处理

6.1　高空坠落应急处置见附件1。

6.2 物体打击应急处置见附件3。

项目九 电动扳手的使用

1 项目简介

电动扳手(图1-38)是指拧紧和旋松螺栓及螺母的电动工具，是一种拧紧高强度螺栓的工具，用于钢结构桥梁、厂房建筑、化工、发电设备安装大六角头高强度螺栓施工的初拧、终拧和扭剪型高强度螺栓的初拧，以及对螺栓紧固件的扭矩或轴向力有严格要求的场合。

图1-38 电动扳手

2 使用前准备

2.1 劳保齐全。

2.2 电动扳手1台。

2.3 备用电源1块。

3 操作步骤

3.1 所选用扳手的开口尺寸必须与螺栓或螺母的尺寸相符合。

3.2 操作时应将扳手牢靠地固定住，防止因为抖动导致脱手，发生危险。

3.3 在工作前最好给锈蚀的螺帽和螺杆喷上松动剂，便于更快地去除螺帽。

3.4 前期工作做好后，将套筒扳手卡住匹配的螺帽，开动开关均匀用力，直到螺帽去除工作才算完毕。

4 操作要点

4.1 检查套筒扳手内部磨损情况，是否有裂纹。

4.2 清理机身污物，检查机身外壳是否有摔裂，开关是否顺畅。

4.3 检查各部位螺丝是否有丢失或损坏。

4.4 检查电池接触点，电池是否发热、变形。

4.5 检查电机，注意碳刷磨损情况，并及时更换。

5 安全注意事项

5.1 在开机前应该学会判断旋转的方向，用力均匀。

5.2 使用时应佩戴手套，在使用时找好反向力矩支撑点，以防反作用力伤人。

5.3 开机后空转，检查火花、声音等是否正常，若有异常则应及时找出原因，排除故障再使用。此外碳刷必须保持清洁干净。

5.4 站在梯子上或高处作业做好高处坠落防护措施，梯子有地面人员扶持。

5.5 开机前要检查各部分螺钉是否牢固，若有松动则应重新紧固；检查绝缘效果，不允许有漏电现象。

6　突发事件应急处理

6.1　扭伤应急处置见附件4。

6.2　机械伤害应急处置见附件6。

项目十　液压破帽器的使用

1　项目简介

矿用螺母破切器(图1－39)分为分体式矿用螺母剖切器和一体式螺母破切器，又名矿用螺帽破切器。矿用螺母破切器产品用途：对于无法拆卸的锈蚀螺母，采用螺母剖切器可轻松地剖切，并对锚杆无损伤，锚杆下次还可使用。

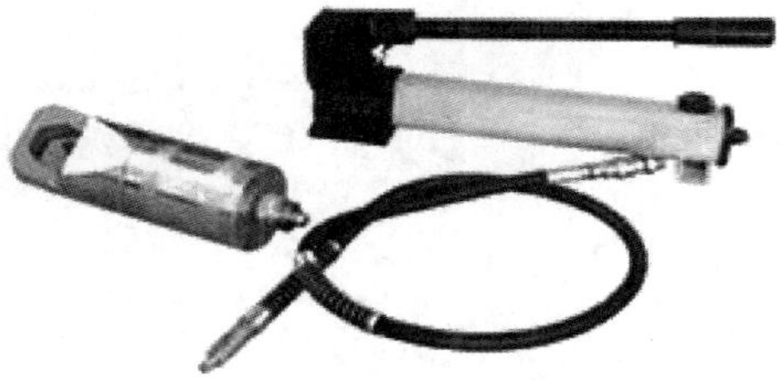

图1－39　液压破帽器

2　使用前准备

2.1　劳保齐全。

2.2　液压破帽器一台。

2.3　备用电源一块。

3　操作步骤

3.1　关闭卸荷阀，将破切器头部孔套入待破的螺母，并摆正放平。

3.2　压动手动油泵，使刀头顶出推进至螺母，当刀头顶进螺母二分之一时，须小心地压动手泵，以免用力过猛，刀头快速将螺母劈开，而不损伤螺栓丝扣。

3.3　当听到“叭”的劈裂声时，表示螺母已被破开，即停止压动。

3.4　拧开卸荷阀，刀头后回原位，取下破帽器工作结束。

4　操作要点

被破帽金属物应与破帽器垂直放置，以免破帽后金属物卡住，不易取出。

5　安全注意事项

5.1　破切过程中切勿用力过大。

5.2　尽量不要损坏螺栓。

6　突发事件应急处理

6.1　扭伤应急处置见附件4。

6.2　机械伤害应急处置见附件6。

项目十一　油锯的使用

1　项目简介

油锯结构如图 1－40 所示。

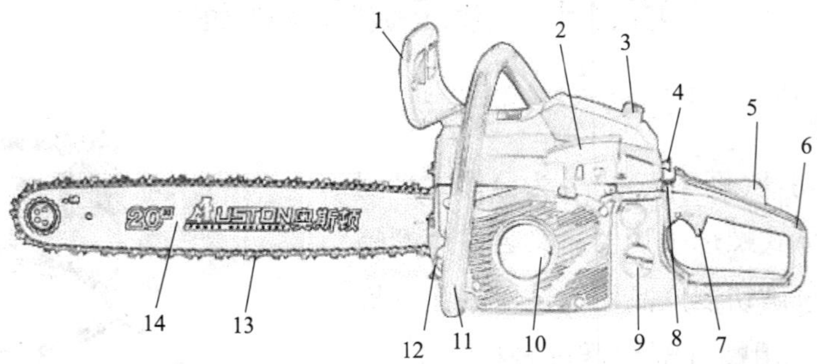

图 1－40　油锯

1—前挡板；2—启动握把；3—空滤锁母；4—风门拉杆；5—扳机控制臂；6—手柄盖；7—扳机；8—熄火开关；9—燃油箱；10—启动器；11—前提把；12—机油箱；13—锯链；14—油锯导板

2　使用前准备

2.1　劳保齐全。

2.2　油锯 1 台。

2.3　汽油若干升。

3　操作步骤

3.1　启动时用手轻轻拉起启动手柄，直到停止挡位，然后快速用力拉动。切忌不要将启动绳完全拉至尽头，否则可能会将其拉断(日常使用中，往往不注意这一细节，久而久之，启动绳极易损坏。还要注意，不要让启动手柄自由弹回，应缓慢地将其导回到机壳中，以便启动绳可以很好地卷起来)。

3.2　在发动机以最大油门长时间运转后，需要让其空转一段时间，以便冷却空气流，释放发动机中的大部分热量。

4　操作要点

4.1　如果发动机功率明显下降，可能是空气过滤器脏污所致。清除过滤器周围的脏污，如果过滤器被污物黏住，需要把过滤器放在专用清洁器或干净、非易燃的清洗液内(如温肥皂水)洗净并晾干，不要使用刷子清洁毛质过滤器。重新安装空气过滤器时，要记得检查风门和扭簧位置是否正确。

4.2　当油锯的锯齿变得不锋利的时候，可以用专用锉刀对锯链切齿进行修整，以保证锯齿的锋利程度。这时候要注意的是在用锉刀锉的时候，要沿着切齿的方向锉，不可反着来，同时锉刀和油锯锯链链条的角度也不宜过大，呈30°为宜。

4.3　在使用油锯前，应加注油锯锯链油，这样做的好处是能够为油锯提供润滑，减少油锯锯链与油锯导板的摩擦热量，对导板起到保护作用，同时也可保护油锯锯链，以免过早报废。

4.4　当油锯使用结束后，也要对油锯进行一番保养，这样下次再使用油锯时才能保证工作效率。首先是要清除油锯导板根部进油孔以及导板槽的杂质，以保证进油孔的通畅。

5　安全注意事项

5.1　按规定穿工作服和佩戴相应劳保用品，如头盔、防护眼镜、手套、工作鞋等。

5.2　机器运输中应关闭发动机；加油前必须关闭发动机。工作中热机无燃油时，应在停机15min，发动机冷却后再加油。

5.3　启动前检查油锯的操作安全状况。启动时，必须与加油地点保持3m以上的距离。不要在使用机器时或在机器附近吸烟，防止产生火灾。

5.4　工作时一定要用两只手抓稳油锯，必须站稳，注意滑倒危险。

5.5　严格按机器附带的配油壶配油，不能按估计随意配油。混合油最好现配现用，严禁使用配好久置的混合油；机器工作前，先低速运行几分钟，看润滑锯链机油成一油线，再工作；机器工作时，油门应放在高速上使用。

6　突发事件应急处理

6.1　扭伤应急处置见附件4。

6.2　机械伤害应急处置见附件6。

项目十二　液压冲孔机的使用

1　项目简介

1.1　液压冲孔机(图1-41)是冲孔机的一类，包括分体式液压冲孔机和一体式电动液压冲孔机两大类。

1.2　分体式液压冲孔机是由手动泵或电动泵和液压冲孔工作头两部分组成，输油软管采用液压快速接头连接，密封可靠、连接快速，作业时无方向性限制，装拆方便。

1.3　一体式电动液压冲孔机是泵和冲孔工作头合体组成，无须液压油管，设计和结构上更精巧。根据电机的种类又分为有刷冲孔机和无刷冲孔机。无刷电动冲孔机使用无刷电机，在使用寿命上有明显的优势。

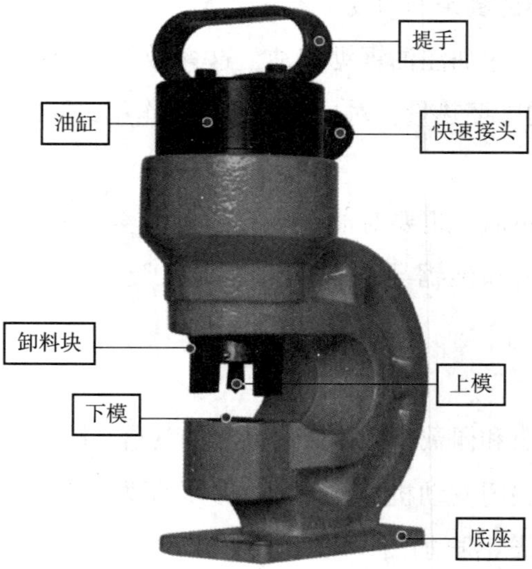

图 1-41　液压冲孔机

2　使用前准备

2.1　劳保齐全。

2.2　液压冲孔机 1 台。

3　使用步骤

3.1　将油泵和工作头用快速接头接好。

3.2　选择好相应的上下模，先装上模后装下模，装上模时先将定位螺丝拧出一定的位置后再装入下模，一定要装到位，再将定位螺丝拧紧即可作业。

3.3　放好工件，关紧油泵回油螺丝，扳动手柄，直至工作完成后松开回油螺丝。如冲较薄的金属板材时一定要将退料垫插入退料脚架和工件的中间，否则工件会卡在模上。

4　操作要点

被冲孔金属物应与冲孔机垂直放置，以免冲孔后金属物卡住，不易取出。

5　安全注意事项

5.1　液压冲孔机在使用之前，一定要先检查一下其冲头及下模刀口处是否有异物，如有要及时清理干净。

5.2　在使用液压冲孔机冲孔之前，我们还需要在冲头上部(冲头上下活动部位)加上润滑油。

5.3　最后再检查一下气缸是否漏气。

6　突发事件应急处理

6.1　扭伤应急处置见附件 4。

6.2　机械伤害应急处置见附件 6。

单元二　设备巡视及倒闸操作

模块一　设备巡视

项目一　线路本体的巡视

1　项目简介

为了掌握线路的运行状况，及时发现线路本体出现的缺陷和隐患，杜绝事故的发生，保证线路安全平稳运行，为线路检修、维护及状态评估等提供依据。

2　操作前准备

穿戴整齐劳保用品，备齐望远镜、巡视记录本、水笔、个人工具、测高仪、测温仪等。

3　操作步骤

3.1　地基与基面巡视。

回填土有无下沉或缺土、水淹、冻胀、堆积物等。

3.2　杆塔基础巡视。

3.2.1　酥松、裂纹、露筋、基础下沉、保护帽破损、边坡保护不够。

3.2.2　无杂草过高。

3.3　杆塔巡视。

3.3.1　杆塔有无倾斜、主材弯曲、地线支架变形、塔材、螺栓丢失、严重锈蚀、脚钉缺失、爬梯变形、土埋塔脚。

3.3.2　混凝土杆有无未封顶、破损、裂纹。

3.3.3　杆塔部件的固定有无缺螺栓或螺帽、螺栓丝扣长度不够、螺栓松动等情况；铆焊处是否有裂纹、开焊；绑线有无断裂或松动。

3.3.4　杆塔上有无共杆架设的通信线、农窃电、临时电线及其他电力电缆。

3.3.5　杆塔上有无危及安全的鸟巢及蔓藤植物附生。

3.4　接地装置巡视。

3.4.1　有无断裂、严重锈蚀、螺栓松脱、接地带丢失、接地带外露、接地带连接部位有雷电烧痕等情况。

3.4.2　避雷线、接地引下线、接地装置间的连接是否良好。

3.4.3　接地引下线有无断股、断线、严重锈蚀。

3.4.4　OPGW 接地引线有无松动或对地放电。

3.5　拉线及基础巡视。

3.5.1　拉线金具等是否被拆卸。

3.2.1　拉线棒是否严重锈蚀或蚀损。

3.5.3　拉线是否松弛、断股、严重锈蚀。

3.5.4　拉线与过引线之间的距离是否符合要求。

3.5.5　拉线基础回填土是否下沉或缺土。

3.6　绝缘子、绝缘横担巡视。

3.6.1　绝缘子有无伞裙破损、严重污秽、有放点痕迹。

3.6.2　绝缘子串顺线路方向倾斜角是否大于 7.5°或偏移值不大于 300mm。

3.6.3　检查有无弹簧销缺损、钢帽裂纹、断裂、钢脚严重锈蚀或蚀损。

3.7　导线、地线、引流线、屏蔽线、OPGW 光缆巡视。

3.7.1　有无散股、断股、损伤、断线、放电烧伤。

3.7.2　导线接头部位有无过热、悬挂漂浮物。

3.7.3　有无弧垂过大或过小、严重锈蚀、有电晕现象。

3.7.4　检查导线有无缠绕、覆冰、舞动、风偏过大。

3.7.5　导线对地、对交叉跨越设施及对其他物体距离是否足够。

3.8　线路金具巡视。

3.8.1　线夹有无断裂、裂纹、磨损、销钉脱落或严重锈蚀。

3.8.2　检查均压环、屏蔽环有无烧伤及螺栓松动。

3.8.3　防振锤有无跑位、脱落、严重锈蚀，阻尼线有无变形、烧伤。

3.8.4　间隔棒有无松脱、变形或离位。

3.8.5　各种连板、连接环、调整板有无损伤及裂纹。

3.8.6　OPGW 光缆固定金具有无脱落。

3.8.7　OPGW 预绞丝线夹有无出现疲劳断脱或滑移。

4　操作要点

4.1　巡视应沿线路逐基逐档进行立体式巡视，不得出现漏点(段)。

4.2 巡视周期一定按规程要求进行，每月1次。

4.3 特殊季节，一定要加大线路巡视密度。夏天温度过高时，一定要对线路的交叉跨越和引线接头进行测试，以免因温度过高，造成弧垂降低，引起线路事故跳闸。

4.4 对线路污秽比较严重的地区应加密巡视周期，避免因污秽严重造成绝缘子导电性能降低，引起线路事故。

4.5 夏季一定加强在洪水区域的线路巡视，以免洪水冲坏线路及拉线基础，造成线路事故。

4.6 大风天气一定加强线路的巡视，以免大风刮起的塑料薄膜等漂浮物飘落到线路上，引起线路跳闸。

4.7 线路巡视时一定做好缺陷记录，缺陷描述填写一定要翔实。

4.8 线路巡视发现缺陷时，能现场处理的应及时处理，不能处理的应做好缺陷记录，及时上报，等待处理。

5 安全注意事项

5.1 线路巡视应两人进行，单人巡线时，不应攀登杆塔。

5.2 夜间巡线应有两人进行，并有充足的照明。

5.3 遇有火灾、地震、台风、冰雪、洪水、沙尘暴等灾害发生时，如确需对线路进行巡视，应有相应的安全措施方可进行，应至少两人一组，并与派出部门之间保持通信联络。

5.4 导线断落地面或悬吊空中，应设法防止行人靠近断线点8m以内，以防跨步电压伤人，并迅速报告领导，等候处理。

5.5 恶劣气象条件下巡视，应配备必要的防护用具、自救器具和药品。

5.6 夜间巡线应沿线路外侧巡视，大风时巡线应沿线路上风侧巡视，巡线时不应泅渡和穿越不明水域。

5.7 巡视时一定要两人进行，注意农村地里的机井，以免坠井。

6 现场突发事件应急措施

6.1 触电应急处置见附件1。

6.2 扭伤应急处置见附件4。

6.3 中暑应急处置见附件5。

项目二 线路附属设施的巡视

1 项目简介

线路附属物的巡视主要包括防雷装置、防鸟装置、检测装置，以及线路杆号牌、警告牌、防护牌、指示牌、相位标识的巡视、防舞动装置的巡视，目的是掌握线路附属设施状况，及早发现缺陷和隐患，及时处理，杜绝事故的发生，确保线路安全平稳运行。

2　操作前准备

穿戴整齐劳保用品，备齐望远镜、巡视记录本、水笔、个人工具等。

3　操作步骤

3.1　防雷装置的巡视。

3.1.1　检查避雷器的动作是否正常，计数器有无失效、破损、变形、引线松脱现象。

3.1.2　放电间隙有无变动、烧伤。

3.1.3　避雷器、避雷针、消雷器和其他设备的连接固定是否可靠、牢固。

3.1.4　各部件是否锈蚀，接地端焊接处有无开裂、脱落。

3.2　防鸟装置的巡视。

3.2.1　固定式：检查有无破损、变形、缺少、螺栓松脱锈蚀。

3.2.2　活动式：检查有无动作失灵、褪色、破损、锈蚀。

3.2.3　电子、光波、声响式：检查供电装置是否失效或功能失效、损坏。

3.3　各种监测装置的巡视。

检查有无缺失、损坏、锈蚀、功能失效情况。

3.4　杆号牌、警告牌、防护牌、指示牌、相位标识的巡视。

检查有无缺失、损坏、字迹或颜色不清、严重锈蚀现象。

3.5　防舞动装置的巡视。

检查有无缺失、损坏。

4　操作要点

4.1　巡视应沿线路逐基逐档进行立体式巡视，不得出现漏点(段)。

4.2　线路巡视周期一定按规程要求进行，每月1次。

4.3　对污秽比较严重的线路地段，应加强接地装置的测试，避免因接地性能下降，造成线路故障。

4.4　线路巡视时一定做好缺陷记录，缺陷记录描述一定要翔实。

4.5　对人员比较密集的线路地段，应加强线路巡视，防止人员破坏线路警示标识。

4.6　在农忙季节一定加强线路的巡视力度，防止因农收、农种造成线路设施损坏。

4.7　在雷雨季节一定加强雷区线路的线路巡视，认真记录好避雷器计数器的变化。

4.8　夏季一定加强在洪水区域的线路巡视，以免洪水冲坏线路基础，造成线路事故。

4.9　冬季寒冷伴有大风天气时，一定加强线路的巡视，以免线路舞动，造成线路事故跳闸。

5　安全注意事项

5.1　单人巡线时，不应攀登杆塔。

5.2　夜间巡线应有两人进行，并有充足的照明。

5.3　遇有火灾、地震、台风、冰雪、洪水、沙尘暴等灾害发生时，如确需对线路进行巡视，应有相应的安全措施方可进行，应至少两人一组，并与派出部门之间保持通信联络。

5.4　恶劣气象条件下巡视，应配备必要的防护用具、自救器具和药品。

5.5　夜间巡线应沿线路外侧巡视，大风时巡线应沿线路上风侧巡视，巡线时不应泅渡和穿越不明水域。

5.6　巡视时一定要两人进行，注意农村地里的机井，以免坠井。

6　现场突发事件应急措施

6.1　触电应急处置见附件1。

6.2　扭伤应急处置见附件4。

6.3　中暑应急处置见附件5。

项目三　线路走廊保护区的巡视

1　项目简介

线路走廊保护区的巡视主要包括线路通道、周边环境、沿线交跨、施工作业等情况进行巡视检查。通过巡视，及时发现和掌握线路通道环境的动态变化情况，发现缺陷和隐患时能及时处理的要及时处理，暂时不能处理的要下发隐患告知并密切关注，确保线路安全平稳运行。

2　操作前准备

穿戴整齐劳保用品，备齐望远镜、巡视记录本、水笔、测高器，隐患告知书等。

3　操作步骤

3.1　建筑物、构筑物的巡视。

3.1.1　有无违章建筑及构筑物[民房、厂房、猪(鸭)舍、易随风飘起的宣传带(球)、塑料薄膜、广告牌等]。

3.1.2　检查测试导线与建筑物安全距离是否符合要求。

3.2　树木环境的巡视。

检查测试树木与导线安全距离是否符合要求。

3.3　施工作业环境的巡视。

检查线路下方或附近有无危及线路安全的施工作业，危及线路安全运行的施工作业应立即停止施工，等整改后再进行作业；不影响施工作业、但有一定风险的一定要及时下发隐患告知书。

3.4　火灾环境的巡视。

3.4.1　检查线路附近无烟火现象。

3.4.2　检查有无易燃、易爆物堆积。

3.5　交叉跨越环境的巡视。

检查是否出现新建或改建的电力、通信线路、道路、铁路、索道、管道设备。

3.6　防洪、排水、基础保护设施环境的巡视。

检查有无坍塌、淤堵、破损现象。

3.7　自然灾害造成的环境巡视。

检查地震、洪水、雷电、暴雨是否引起通道环境的变化。

3.8　道路、桥梁环境的巡视。

检查巡线道、桥梁有无损坏。

3.9　污染源环境的巡视。

检查是否出现新的污染源或污染加重现象。

3.10　其他环境的巡视。

3.10.1　线路附近是否有人放风筝。

3.10.2　有无危及线路安全的漂浮物。

3.10.3　线路跨越鱼塘有无警示牌。

3.10.4　有无射击打靶、藤蔓类植物攀附杆塔现象。

4　操作要点

4.1　巡视应沿线路逐基逐档进行立体式巡视，不得出现漏点(段)。

4.2　线路巡视周期一定按规程要求进行，每月1次，特殊情况可以加密线路巡视。

4.3　对施工比较多的线路地段应安排专人进行看护，以确保线路安全运行。

4.4　线路巡视时一定做好缺陷记录，缺陷描述一定要翔实。

4.5　夏天线路巡视时，对易发生外力破坏的地区和处于洪水冲刷区等区域内的输电线路，应加强巡视，并采取针对性技术措施。

4.6　夏季加强鱼塘附近线路的巡视，防止垂钓人员麻痹大意，造成伤害。

5　安全注意事项

5.1　检查测试树木与导线安全距离时一定要使用绝缘靴和绝缘手套，以免安全距离较近，造成触电。

5.2　恶劣气象条件下巡视，应配备必要的防护用具、自救器具和药品。

5.3　巡视时一定要两人进行，注意农村地里的机井，以免坠井。

6　现场突发事故应急措施

6.1　触电应急处置见附件1。

6.2　扭伤应急处置见附件4。

6.3　中暑应急处置见附件5。

项目四　电缆线路的巡视

1　项目简介

电缆线路的巡视是为了掌握电缆线路运行状况，发现电缆线路存在的缺陷和隐患，及时消除隐患，以保证电缆线路安全平稳运行。

2　操作前准备

穿戴整齐劳保用品，备齐望远镜、巡视记录本、水笔、个人工具、测温仪等。

3　操作步骤

3.1　电缆线路的巡视。

3.1.1　巡查各种电压等级的电缆线路，观察路面状态正常与否。

对埋设电缆察看路面是否正常，有无挖掘痕迹、打桩及路线标志牌完整无缺等。

3.1.2　敷设在地下的直埋电缆线路上，不应堆置瓦砾、矿渣、建筑材料、笨重物件、酸碱性排泄物或砌石灰坑等。

3.1.3　在直埋电缆线路上的松土地段通行重车，除必须采取保护电缆措施外，应将该地段详细记在记录簿内。

3.1.4　当发现电缆线路有腐蚀现象时，应调查腐蚀来源，设法从源头上切断，同时采取适当防腐措施，并在电缆线路专档中记载发现腐蚀、化学分析、防腐处理的资料。

3.1.5　对已运行的电缆线路，巡查中发现沿线附近有白蚁繁殖，应立即报告当地白蚁防治部门灭蚁，采用集中预防措施，以防运行电缆受到白蚁侵蚀。

3.1.6　巡查电缆线路时，发现电缆有鼠害咬坏痕迹，应立即报告当地卫生防疫部门灭鼠，并对已经遭受鼠害的电缆进行处理，更换防鼠害的高硬度特殊护套电缆。

3.1.7　电缆线路负荷监视巡查，在每年夏季高温或冬、夏电网负荷高峰期间，通过测量和记录手段，做好电缆线路负荷巡查及负荷电流监视工作。

3.1.8　电缆线路过负荷反映出来的损坏部件大体可分为5类：

(1)造成导体接点的损坏，或是造成终端头外部接点的损坏。

(2)造成固体绝缘变形，降低绝缘水平，加速绝缘老化。

(3)铅护套发生龟裂现象，整条电缆铅包膨胀，在铠装隙缝处裂开。

(4)端盒和中间接头盒胀裂，是因为灌注在盒内的沥青绝缘胶受热膨胀所致，在接头封铅和铠装切断处，其间露出的一段护套，可能由于膨胀而裂开。

(5)负荷运行带来加速绝缘老化的后果，缩短电缆寿命和导致电缆金属护套的不可逆膨胀，并会在电缆护套内增加气隙。

3.2　电缆终端附件的巡视。

3.2.1　电缆终端无电晕放电痕迹，终端头引出线接触良好，无发热现象，电缆终端接地良好。

3.2.2　电缆线路铭牌正确及相位颜色鲜明。

3.2.3　电缆终端盒壳体及套管无裂纹，套管表面无放电痕迹。

3.2.4　电缆终端垂直保护管，靠近地面段电缆无被车辆撞碰痕迹。

3.3　电缆线路附属设施的巡视。

3.3.1　对地面电缆分支箱巡查。

3.3.2　核对分支箱铭牌无误，检查周围地面环境无异常，无挖掘痕迹、无地面沉降。

3.3.3　检查通过及防漏情况良好。

3.3.4　检查门锁及螺栓、铁件油漆状况良好。

3.3.5　分支箱内电缆终端的检查内容与户内终端相同。

4　操作要点

4.1　电缆线路巡视应沿电缆线路走向进行立体式巡视，不得出现漏点(段)。

4.2　对施工比较多的电缆线路地段应安排专人进行看护，查明电缆走向，交代施工注意事项，以确保电缆线路安全运行。

4.3　电缆线路巡视时一定做好缺陷记录，缺陷描述一定要翔实。

4.4　直埋电缆线路标桩是否完好；沿线路地面上是否堆放矿渣、建筑材料、瓦砾、垃圾及其他重物，有无临时建筑；线路附近地面是否开挖；线路附近有无酸、碱等腐蚀性排放物，地面上是否堆放石灰等可构成腐蚀的物质；露出地面的电缆有无穿管保护，保护管有无损坏或锈蚀，固定是否牢固；电缆引入室内处的封堵是否严密；洪水期间或暴雨过后，巡视附近有无严重冲刷或塌陷现象等。

4.5　电缆线路沟道是否渗水，沟内有无积水，沟道内是否堆放有易燃易爆物品；电缆铠装或铅包有无腐蚀，全塑电缆有无被老鼠啃咬的痕迹；洪水期间或暴雨过后，巡视室内沟道是否进水，室外沟道泄水是否畅通等。

4.6　电缆终端头和中间接头、终端头的瓷套管有无裂纹、脏污及闪络痕迹，充有电缆胶(油)的终端头有无溢胶(漏油)现象；接线端子连接是否良好，有无过热迹象；接地线是否完好，有无松动；中间接头有无变形，温度是否过高等。

4.7　明敷的电缆沿线的挂钩或支架是否牢固，电缆外皮有无腐蚀或损伤，线路附近是否堆放有易燃、易爆或强烈腐蚀性物质等。

5 安全注意事项

5.1 夜间巡视应有两人进行，并有充足的照明。

5.2 电缆事故巡视时，不能用手接触电缆，以免造成人员触电。

5.3 电缆线路断落地面或悬吊空中，不能用手直接碰触，看护好现场，防止行人靠近，及时报告领导，等候处理。

5.4 恶劣气象条件下进行电缆巡视，应配备必要的防护用具、自救器具和药品。

5.5 巡视时一定要两人进行，注意农村地里的机井，以免坠井。

6 现场突发事故应急措施

6.1 触电应急处置见附件1。

6.2 扭伤应急处置见附件4。

6.3 中暑应急处置见附件5。

模块二　倒闸与操作

项目一　6kV、35kV 跌落式熔断器停、送电操作

1　项目简介

线路检修、调试及缺陷处理对 6kV、35kV 跌落式熔断器停、送电操作。

2　操作前准备

2.1　劳动防护用品：安全帽、工服。

2.2　安全用具，绝缘靴、绝缘手套、令克棒。

2.3　使用安全用具前，应注意检查绝缘手套、绝缘靴是否合格，是否有损坏老化现象。

3　操作步骤

3.1　停电操作。

3.1.1　到达工作现场后，由负责人联系低压工作负责人，拉开低压刀闸并确认低压刀闸在开位。

3.1.2　负责人联系电力调度(生产调度)值班员，申请停电操作，待电力调度(生产调度)值班员同意并下令后方可工作。

3.1.3　拉开跌落式熔断器。正常天气下进行停电操作时，应先拉中间相，后拉两边相；大风天气停电操作时，应先拉中间相，再拉背风相，最后拉迎风相。

3.1.4　操作完毕后由工作负责人向电力调度(生产调度)值班员汇报工作完成情况。

3.2　送电操作。

3.2.1　工作完成后，由负责人向电力调度(生产调度)值班员申请送电，并在电力调度(生产调度)值班员同意并下令后，负责人安排人员进行送电操作。

3.2.2　检查低压刀闸确在分位。

3.2.3　合上跌落式熔断器。正常天气下送电操作时，应先合两边相，后合中间相。大风天气下操作时，应先合迎风相，再合背风相，最后合中间相。

3.2.4　操作完毕，负责人电话向电力调度(生产调度)值班员汇报送电完成情况。

4　操作要点

4.1　拉开跌落式熔断器：正常天气下进行停电操作时，应先拉中间相，后拉两边相。大风天气停电操作时，应先拉中间相，再拉背风相，最后拉迎风相。

4.2　合上跌落式熔断器：正常天气下送电操作时，应先合两边相，后合中间相。大风天气下操作时，应先合迎风相，再合背风相，最后合中间相。

5　安全注意事项

5.1　停电操作严格按照先低压、后高压的程序执行，不应带负荷操作。

5.2　雷电天气下不应进行倒闸操作。

5.3　雨天倒闸操作时应使用带有防雨罩的令克棒，并穿绝缘靴、戴绝缘手套。

6　现场突发事故应急措施

6.1　触电应急处置见附件1。

6.2　物体打击应急处置见附件3。

6.3　扭伤应急处置见附件4。

项目二　6kV户外柱上真空断路器停、送电操作

1　项目简介

线路检修、调试及缺陷处理对6kV户外柱上真空断路器停、送电操作。

2　操作前准备

2.1　劳动防护用品：安全帽、工服。

2.2　安全用具：绝缘靴、绝缘手套、令克棒。

2.3　使用安全用具前，应注意检查绝缘手套、绝缘靴是否合格，是否有损坏老化现象。

3　操作步骤

3.1　户外柱上真空断路器停电操作。

3.1.1　到达工作现场后，由负责人联系电力调度(生产调度)值班员，申请停电操作，待调度值班员同意并下令后方可工作。

3.1.2　将令克棒伸到断路器手动分合手柄“分”闸拉环位置，将断路器拉至“分”闸位置。

3.1.3　检查断路器分合指示在“分”闸位置。

3.1.4　将令克棒伸到断路器操作手柄拉环“分”位置，将其拉下，使断路器隔离刀片在开位。

3.1.5　检查断路器隔离刀片在开位。

3.1.6　操作完毕后由负责人向电力调度(生产调度)值班员汇报断路器停电操作情况。

3.2　户外柱上真空断路器送电操作。

3.2.1　工作完成后，由负责人向电力调度(生产调度)值班员申请送电，并在调度值班员同意下令后，负责人安排人员进行送电操作。

3.2.2　将令克棒伸到断路器操作手柄拉环“合”位置，将其拉下，使断路器隔离刀片在合位。

3.2.3　检查断路器隔离刀片在合位。

3.2.4　将令克棒伸到断路器储能手柄挂环处，将其拉下后放松，再将其拉下(重复15～30次左右)，直至断路器储能充足后停止操作。

3.2.5　将令克棒伸到断路器手动分合手柄“合”闸拉环位置，将断路器拉至“合”闸位置。

3.2.6　检查断路器分合指示在“合”闸位置。

3.2.7　操作完毕后，由负责人向电力调度(生产调度)值班员汇报断路器送电操作情况。

4　操作要点

4.1　断路器合上后必须有电气、机械两点及以上的分合指示，才能认为断路器确已合上。

4.2　断路器合上后，还应检查弹簧已储能且运行正常。

5　安全注意事项

5.1　操作时应逐项操作。

5.2　雷电天气不应进行倒闸操作。

5.3　雨天倒闸操作时应使用带有防雨罩的令克棒，并穿绝缘靴、戴绝缘手套。

5.4　操作柱上断路器时，应采取防止断路器爆炸伤人的措施。

6　现场突发事故应急措施

6.1　触电应急处置见附件1。

6.2　物体打击应急处置见附件3。

6.3　扭伤应急处置见附件4。

项目三　6kV高压电缆分支箱出线开关停、送电操作

1　项目简介

线路检修、调试及缺陷处理对6kV高压电缆分支箱出线开关停、送电操作。

2　操作前准备

2.1　劳动防护用品：安全帽、工服。

2.2　安全用具：绝缘靴、绝缘手套。

2.3　已填写完整的相应操作票数份、红笔1支。

2.4　相应警示挂牌数个。

2.5　使用安全用具前，应注意检查绝缘手套、绝缘靴是否合格，是否有损坏老化现象。

3　操作步骤

3.1　电缆分支箱出线停电操作。

3.1.1　工作现场核对开关双编号无误后，负责人联系电力调度(生产调度)值班员，申请分支箱出线开关停电操作，待调度值班员同意并下令后方可工作。

3.1.2　切开负荷出线开关(或按下手动跳闸开关)。

3.1.3　确认负荷出线开关在“分”位。

3.1.4　检查负荷开关电源指示灯，确认负荷开关出线已停电。

3.1.5　合上负荷出线开关接地刀闸。

3.1.6　确认负荷出线开关接地刀闸在“合”位。

3.1.7　在负荷出线开关把手上悬挂“禁止合闸，线路有人工作”标识牌。

3.1.8　电话联系电力调度(生产调度)值班员汇报操作完成情况。

3.2　电缆分支箱出线送电操作。

3.2.1　由负责人向电力调度(生产调度)值班员申请送电，并在调度值班员同意下令后，负责人安排人员进行分支箱出线开关送电操作。

3.2.2　取下负荷出线开关把手上的“禁止合闸，线路有人工作”标识牌。

3.2.3　拉开负荷出线开关接地刀闸。

3.2.4　确认负荷出线开关接地刀闸在“分”位。

3.2.5　合上负荷出线开关。

3.2.6　确认负荷出线开关在“合”位。

3.2.7　检查负荷开关出线电源指示灯，确认负荷开关出线已送电。

3.2.8　负责人电话向电力调度(生产调度)值班员汇报送电完成情况。

4　操作要点

4.1　检查负荷出线开关确在“分”位。

4.2　检查负荷出线开关接地刀闸确在“合”位。

4.3　在负荷出线开关把手上悬挂“禁止合闸，线路有人工作”标识牌。

5　安全注意事项

5.1　雷电天气下不应进行分支箱倒闸操作。

5.2　操作前认真核对设备双编号，与带电设备保持安全距离。

6　现场突发事件应急处理

6.1　触电应急处置见附件1。

6.2　扭伤应急处置见附件4。

6.3　机械伤害应急处置见附件6。

项目四　6kV高压电缆分支箱进线开关停、送电操作

1　项目简介

线路检修、调试及缺陷处理对6kV高压电缆分支箱进线开关停、送电操作。

2　操作前准备

2.1　劳动防护用品：安全帽、工服。

2.2　安全用具：绝缘靴、绝缘手套、验电器、短路接地线。

2.3　已填写完整的相应操作票数份、红笔1支。

2.4　相应警示挂牌数个。

2.5　使用安全用具前，应注意检查绝缘手套、绝缘靴是否合格，是否有损坏老化现象。

3　操作步骤

3.1　电缆分支箱进线停电操作。

3.1.1　到达工作现场核对开关双编号无误后，负责人联系电力调度(生产调度)值班员，申请分支箱进线开关停电操作，待调度值班员同意并下令后方可工作。

3.1.2　拉开负荷进线开关。

3.1.3　检查负荷进线开关确定在“分”位。

3.1.4　合上负荷进线开关柜门联锁装置后打开柜门。

3.1.5　用2只6kV验电器验明开关下侧确无电压后装设接地线1组。

3.1.6　在负荷进线开关把手上悬挂“禁止合闸，线路有人工作”标识牌。

3.1.7　负责人电话联系电力调度(生产调度)值班员汇报操作完成情况。

3.2　电缆分支箱进线送电操作。

3.2.1　由负责人向电力调度(生产调度)值班员申请送电，并在调度值班员同意下令后，负责人安排人员进行送电操作。

3.2.2　取下负荷进线开关把手上悬挂的“禁止合闸，线路有人工作”标识牌。

3.2.3　拆除负荷进线开关下侧接地线。

3.2.4　合上柜门后拉开负荷进线开关柜门联锁装置。

3.2.5　合上负荷进线开关。

3.2.6　检查负荷进线开关确定在“合”位。

3.2.7　操作完毕，负责人电话向电力调度(生产调度)值班员汇报送电完成情况。

4　操作要点

4.1　停电时一定检查负荷进线开关确定在“分”位。

4.2　用2只6kV验电器验明开关下侧确无电压后装设接地线1组。

4.3　在负荷进线开关把手上悬挂“禁止合闸，线路有人工作”标识牌。

4.4　送电时一定检查负荷进线开关确定在“合”位。

5　安全注意事项

5.1　雷电天气下不应进行分支箱倒闸操作。

5.2　操作时应逐项操作。

5.3　操作前认真核对设备双编号，与带电设备保持安全距离。

6　现场突发事件应急处理

6.1　触电应急处置见附件1。

6.2　扭伤应急处置见附件4。

单元三　线路缺陷处理

项目一　更换拉线

1　项目简介

更换拉线是线路施工和维护中一项常见的工作，线路一般处于检查状态。要检查被更换拉线的锈蚀情况，检查地锚拉杆(地面下50mm处)受腐蚀情况，在确保抱箍、地锚拉杆完好，原有拉线满足安全的前提下才能进行更换，新拉线和原有拉线应满足设计要求。

2　操作前准备

2.1　工器具和材料准备。

2.1.1　更换拉线所需工器具如表3－1所示。

表3－1　更换拉线所需工器具

序号	名称	规格	单位	数量	备注
1	个人用具		套	1	登高、安全防护、常规工具等
2	木槌		把	1	
3	断线钳		把	1	
4	紧线器	根据钢绞线规格选择	个	1	
5	钢丝绳套	与紧线器配合	个	1	
6	U形环	3t	个	2	
7	传递滑车	1t	个	1	
8	传递绳	与传递滑车配合	个	1	
9	绳套	与传递滑车配合	个	1	
10	钢丝绳	Φ12mm×25m	根	1	
11	工具袋		只	1	

2.2.2　更换拉线所需材料如表3－2所示。

表 3－2　更换拉线所需材料

序号	名称	规格	单位	数量	备注
1	楔形线夹		个	1	
2	UT 形线夹		个	1	
3	二联板		块	1	
4	钢绞线		m	若干	
5	钢线卡子	3 号	只	2	用于固定钢绞线端部
6	拉线绝缘子		个	1	
7	拉线抱箍和螺栓		套	1	
8	预绞丝		根	2	

3　操作步骤

3.1　拉线上把的制作。

3.1.1　裁线。由于镀锌钢绞线的刚性较大，为避免散股，在制作拉线下料前应用细扎丝在拉线计算长度处进行绑扎，如图 3－1(a)所示，然后用断线钳将其断开。

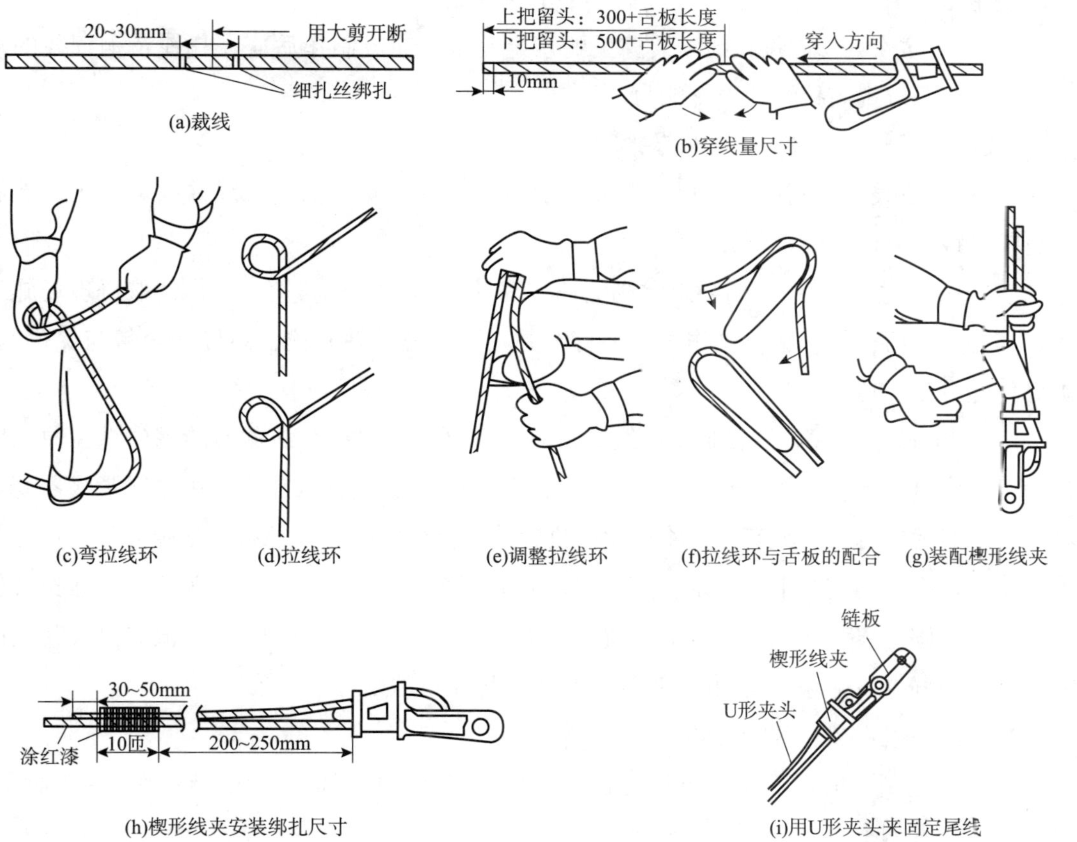

图 3－1　拉线的制作流程分解图

3.1.2　穿线。取出楔形线夹的舌板，将钢绞线穿入楔形线夹，并根据舌板的大小在距离钢绞线端头300mm加上舌板长度处做弯线记号，应注意主线在线夹平面侧，尾线在凸肚侧，如图3－1(b)所示。

3.1.3　弯拉线环。用双手将钢绞线在记号处弯一小环，然后如图3－1(c)所示，用脚踩住主线，一手拉住线头，另一手握住并控制弯曲部位，协调用力将钢绞线弯曲成环；为保证拉线环的平整，应将端线如图3－1(d)所示换边弯曲。

3.1.4　整形。为防止钢绞线出现急弯，将做好的拉线环如图3－1(e)所示的方式，分别用膝盖抵住钢绞线主线、尾线进行整形，使其呈如图3－1(f)所示的开口销状，以保证钢绞线与舌板间结合紧密。

3.1.5　装配。拉线环制作完成后，将拉线的回头尾线端从楔形线夹凸肚侧穿出，放入舌板并适度地用木槌敲击，使其与拉线及线夹间的配合紧密，如图3－1(g)所示。

3.1.6　绑扎。在尾线回头端距端头30～50mm的地方，用12号或10号镀锌铁丝缠绕100mm对拉线进行绑扎，如图3－1(h)所示，使拉线的回头尾线与主线间的连接牢固，也可以使用U形夹头来固定尾线，如图3－1(i)所示。

3.1.7　防腐处理。按拉线安装施工的规定要求，完成制作后应在扎线及钢绞线的端头涂上红漆，以提高拉线的防腐能力。

3.2　临时拉线装设和上把安装。

3.2.1　拉线上把制作完成后，在安装前，要在杆上安装临时拉线并收紧固定，然后再更换拉线，具体安装步骤如下：

(1)登杆。按上杆作业的要求完成电杆、登杆工具等必需的检查工作，取得现场施工负责人的允许后，带上必备操作工具上杆，并在指定位置站好位，系好安全带与保险钩，绑好传递滑车和传递绳。

(2)设置临时拉线。设置临时拉线时，应先将不小于原钢绞线截面的钢丝绳在原拉线抱箍下面的电杆上绕2圈，然后用御扣(U形环)固定；由地面工作人员用拉线紧线器固定在同一拉线地锚的钢丝绳套上，将钢丝绳收紧受力(绕2圈)，使原拉线松弛处于不受力状态，将钢丝绳尾用钢线卡子固定，防止滑动，如图3－2所示。将拉线抱箍连接延长环传递到杆上并固定安装在距电杆合适位置(一般为横担下方100mm处)，并根据拉线装设的要求，调整好拉线抱箍方向(拉线抱箍连接延长环无锈蚀则可以使用)。

3.2.2　安装拉线上把。

拉线上把制作完成后，便可进行拉线的杆上安装。拉线的杆上安装如图3－3所示，具体安装步骤如下：

(1)登杆。按上杆作业的要求完成电杆、登杆工具等必须的检查工作。取得现场施工负责人的允许后带上必备操作工具上杆，并在指定位置站好位、系好安全带，绑好传递滑车和传递绳。

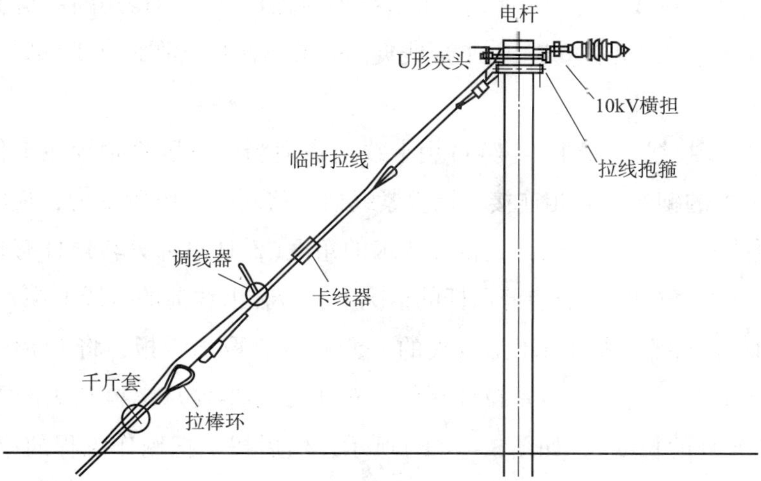

图3-2 临时拉线装设位置图

(2)安装拉线抱箍。将拉线抱箍连接延长环传递到杆上并固定安装在距电杆合适位置(一般为横担下方100mm处)，并根据拉线装设的要求，调整好拉线抱箍方向。

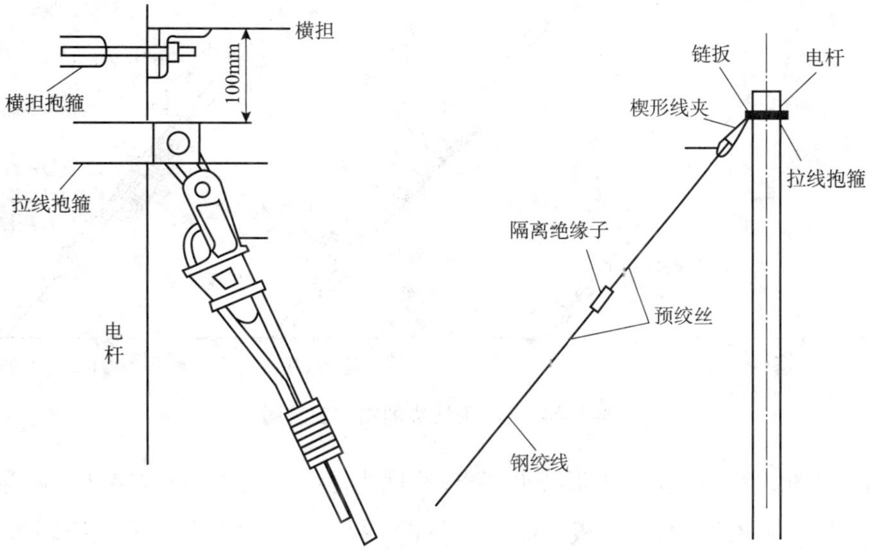

图3-3 拉线上把安装示意图

(3)安装拉线。连接楔形线夹与延长环，穿入螺栓，插入销钉，这个过程需要保证楔形线夹凸肚的方向朝向地面或保证拉线上所有线夹的凸肚侧朝一个方向，螺栓穿向应符合施工验收规范要求(面向电源侧由左向右穿)。

(4)拉线安装完成后，作业人员清理杆上工具下杆，结束拉线上把的安装作业。

3.3　地面配合安装。

地面配合调换旧拉线，先用扳手将UT形线夹螺栓松开，不得用断线剪突然将拉线剪断；然后再制作UT形线夹并安装，UT形线夹的安装与制作均在地面上同时进行。具体安装作业流程如下：

3.3.1　收紧新拉线。如图3－4(a)用卡线器在适当的高度将钢绞线卡住，另一端与套在拉线棒环下方的钢丝绳套相连接，调整紧线器，将新拉线收紧受力，使临时拉线不受力(或比原来受力小)，把拉线收紧到设计要求的角度(设计对部分转角杆有预偏角度的要求)；如果拉线环境条件需要安装警示杆的情况下，应在卡线前的拉线上穿入警示杆。

3.3.2　制作拉线环。拆下UT形线夹的U形螺栓，取出舌板，将U形螺栓从拉棒环穿入，抬起U形螺栓，再用手拉紧拉线尾线，对比U形螺栓从螺栓端头向下量取200mm的距离(通常为丝杆的长度)，如图3－4(b)所示，然后按上把制作流程的第(3)到第(4)步过程制作好拉线环。

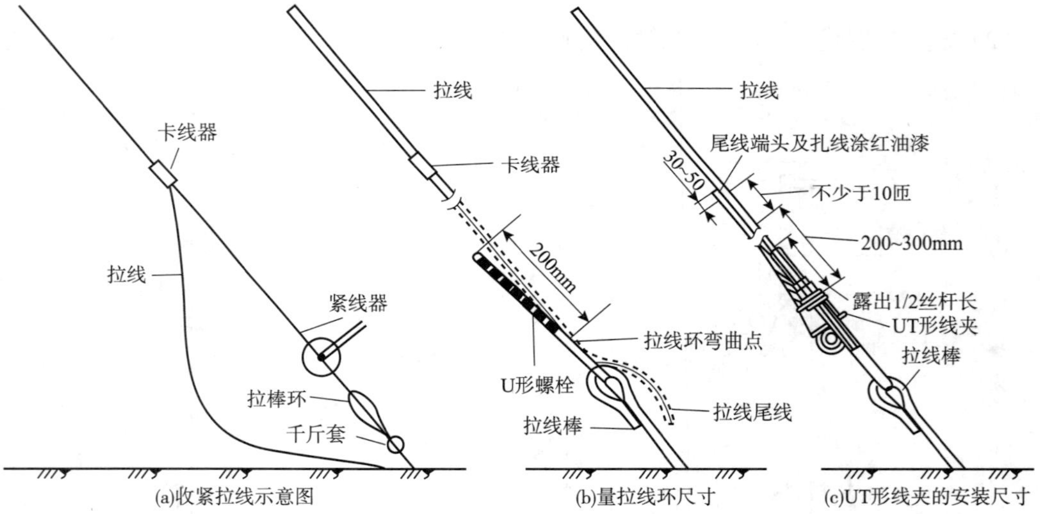

图3－4　UT形线夹的制作安装图

3.3.3　装配。将拉线从UT形线夹穿出(线回头尾线端从UT形线夹凸肚侧穿出)并应保证主线在线夹平面侧，装上舌板，如图3－1(g)所示，用木槌敲击使拉线环与舌板能紧密配合。

3.3.4　安装调整。将U形螺栓丝杆涂上润滑剂，重新套进拉棒环后穿入UT形线夹，使UT形线夹凸肚方向与楔形线夹方向一致，装上垫片、螺母，并调节螺母使拉线受力后撤出紧线器。拉线调好后，应将U形螺栓上两个螺母拧紧(最好采用防盗螺母)，螺母拧紧后螺杆应露丝扣，并保证有不小于1/2丝杆的长度以供调节，其舌板应在U形螺栓的中心轴线位置。

3.3.5　完成安装。在UT形线夹出口量取拉线露出长度(不超过500mm)，将多余部分剪去；而后在尾线距端头150mm的地方，用镀锌铁丝由下向上缠绕50～80mm长度，如图3－4(c)所示，使拉线的回头尾线与主线间的连接牢固，并将扎线尾线拧麻花2～3圈；而后按规定在扎线及钢绞线端头涂上红油漆，以提高拉线的防腐能力。

4　操作要点

4.1　当采用UT形线夹及楔形线夹固定更换拉线时的基本要求如下：

4.1.1　安装前丝扣上应涂润滑剂。

4.1.2　线夹舌板与拉线接触应紧密，受力后无滑动现象，线夹凸肚应在尾线侧，安装时不应损伤线股。

4.1.3　拉线弯曲部分不应明显松脱，拉线断头处与拉线应有可靠固定。拉线处露出的尾线长度以400mm为宜(上把：300～400mm，下把：300～500mm)；尾线回头后与本线应扎牢，并在扎线及尾线端头上涂红油漆进行防腐处理。

4.1.4　上、下楔形线夹及UT形线夹的凸肚和尾线方向应一致，同一组拉线使用双线夹并采用连板时，其尾线端的方向应统一。

4.1.5　UT形线夹或花篮螺栓的螺杆应露丝扣，并应有不小于1/2螺杆丝扣长度可供调节，调整后，UT形线夹的双螺母应并紧，花篮螺栓应封固。

4.1.6　水平拉线的拉桩杆的埋设深度应不小于杆长的1/6，拉线距路面中心的垂直距离应不小于6m，拉桩坠线与拉桩杆夹角应不小于30°，拉桩杆应向张力反方向倾斜10°～20°，坠线上端距杆顶应为250mm；水平拉线对通车路面边缘的垂直距离应不小于5m。

4.1.7　当拉线位于交通要道或人易接触的地方，须加装警示套管保护。套管上端垂直距地面应不小于1.8m，并应涂有明显红、白相间油漆的标志。

4.1.8　当原有地锚腐蚀严重则需在原有拉线地锚位置后1.5m处重新设置地锚一只，马槽道口对准原有拉线位置，施工结束后将旧地锚绞起收回。

4.2　承力拉线在拆除前必须装设临时拉线，并确保拉线安全可靠。

4.3　钢丝绳套、紧线工器具安全可靠。

4.4　为避免拉线散股，裁剪拉线前用细铁丝进行绑扎。

4.5　拉线的主线在线夹的平面侧，尾线在线夹的凸肚侧，楔形线夹与UT形线夹凸肚的方向一致且朝向地面。

4.6　尾线回头端距端头30～50mm的地方，用10号镀锌铁丝缠绕100mm将拉线扎牢。

4.7　钢线卡子U形面不得固定在主线上，应压在尾线上。

4.8　一般情况下拉线可不装设拉线绝缘子，当拉线从导线之间穿过或跨越导线时应装设拉线绝缘子。

5　安全注意事项

5.1　在部分停电线路上更换拉线时，严禁在上层线路停电、下层线路有电的情况下进行调换拉线工作(但用带电作业的方法除外)。

5.2　为防止误登杆塔，登杆塔前，作业人员应核对停电线路的双重编号后，方可工作。

5.3　登杆塔前要对杆塔检查，包括杆塔是否有裂纹，杆塔埋设深度是否达到要求，拉线是否紧固，基础是否坚实，同时要对登高工具检查，看其是否在有效期限内，登杆前要对脚扣和安全带做冲击试验。

5.4　为防止高空坠落物体打击，作业现场人员必须戴好安全帽，严禁在作业点正下方逗留。

5.5　为防止作业人员高空坠落，杆塔上工作的作业人员必须正确使用安全带、保险绳两道保护。离开地面2m及以上即为高空作业，攀登杆塔时应检查脚钉或爬梯是否牢固可靠；在杆塔上作业时安全带应系在牢固的构件上，高空作业中不得失去双重保护，转向移位时不得失去一重保护。

5.6　高空作业时不得失去监护。

5.7　杆上人员要用传递绳索传递工具材料，严禁抛扔。

5.8　传递绳索与横担之间的绳结应系好以防脱落，金具可以放在工具袋内传递。

5.9　弯曲钢绞线时应抓牢，防止钢绞线反弹伤人。

5.10　使用木槌时要防止从手中脱落伤人。

6　现场突发事件应急措施

6.1　触电应急处置见附件1。

6.2　高空坠落应急处置见附件2。

6.3　物体打击应急处置见附件3。

项目二　更换绝缘子

1　项目简介

介绍更换绝缘子的工作流程和质量标准要求。通过流程介绍和列表说明，掌握更换针式和耐张绝缘子所需工器具和材料、操作步骤、质量标准及作业中的危险点预控等内容。

2　操作前准备

2.1　现场勘察。

负责人接到任务后，应组织有关人员到现场勘察，查看接受的任务是否与现场相符，以及作业现场的条件、环境，所需各种工器具、材料及危险点等。

2.2　工器具和材料准备。

2.2.1　更换绝缘子所需工器具如表 3－3 所示。

表 3－3　更换绝缘子所需工器具

序号	名称	规格	单位	数量	备注
1	验电器	10kV	只	1	
2	验电器	0.4kV	只	1	
3	接地线	10kV	组	2	
4	接地线	0.4kV	组	2	
5	个人保安线	不小于 $16mm^2$	组	若干	
6	警告牌、安全围栏				
7	绝缘手套	10kV	副	1	
8	安全带	4	条	1	
9	脚扣	4	副	1	
10	传递绳	15m	条	2	
11	挂钩滑轮	0.5t	个	2	
12	手扳胡芦	1.5t	套	1	
13	紧线器及铝线夹头	导线	套	4	
14	紧线器及钢线卡头	地线	套	2	
15	起线绳	15m	条	2	
16	钢丝绳套		条	5	
17	大锤		把	1	
18	钢锯弓子	1	把	1	
19	断线剪	1 号	把	1	
20	钢卷尺	3m	个	1	
21	手锤		把	1	
22	绝缘操作杆		套	1	
23	个人工具		套	4	

2.2.2　更换绝缘子所需材料如表 3－4 所示。

表 3－4　更换绝缘子所需材料

序号	名称	规格	单位	数量	备注
1	针式绝缘子	按计划	个	按计划	
2	悬式绝缘子	按计划	片	按计划	
3	铝包带		盘	若干	
4	松动剂		瓶	1	

续表

序号	名称	规格	单位	数量	备注
5	钢锯条		条	10	
6	棉纱		kg	0.5	
7	绑线		盘	若干	
8	线夹	（按计划）		（按计划）	

2.2.3　绝缘子更换前的检查。

(1)检查绝缘子出厂安装说明书、试验报告、合格证应齐全。

(2)检查绝缘子表面应无损伤、裂纹，铁脚无锈蚀。

(3)清除表面灰垢、附着物及不应有的涂料。

(4)绝缘子在安装前应使用2500V绝缘电阻表摇测绝缘电阻，在干燥情况下，绝缘电阻不得小于500MΩ。

3　操作步骤

3.1　更换针式绝缘子。

3.1.1　人员登杆站好位置并系好安全带后，拆除针式绝缘子上固定导线的绑线、铝包带，将导线移至横担上并固定。

3.1.2　松开针式绝缘子的固定螺栓，如螺栓锈蚀严重，可先喷上松动剂，稍等片刻再松螺栓。

3.1.3　拆除旧绝缘子，用传递绳传至地面。

3.1.4　将新绝缘子拉至杆上，并安装牢固。安装针式绝缘子时，应垫弹簧垫圈。

3.1.5　固定导线。将导线固定部位缠上铝包带，缠绕应紧密且露出绑扎端30mm，再将导线移到绝缘子上用绑线固定。针式绝缘子的绑扎，直线杆采用顶槽绑扎法，直线角度杆采用边槽绑扎法，绑扎在线路外角侧的边槽上。

(1)顶槽绑扎法。直线杆一般情况下都采用顶槽绑扎法，如图3-5所示。其绑扎步骤为：①在绑扎处的导线上缠绕铝包带，若是铜线则不缠绑铝包带，把绑线盘成一个圆盘，留出一个短头，其长度为250mm左右，用短头在绝缘子一侧的导线上绕3圈，方向是从导线外侧，经导线上方绕向导线内侧，如图3-5(a)所示。②用盘起来的绑线在绝缘子脖颈内侧绕到绝缘子右侧的导线上绕3圈，其方向是从导线下方经外侧绕向上方，如图3-5(b)所示。③用盘起来的绑线在绝缘子脖径内侧绕到绝缘子右侧导线上，并再绕3圈，其方向是由导线下方经内侧绕到导线上方，如图3-5(c)所示。④再把盘起来的绑线自绝缘子脖颈内侧绕到绝缘子右侧导线上，并再绕3圈，其方向是由导线下方经外侧绕到导线上方，如图3-5(d)所示。⑤把盘起来的绑线自绝缘子外侧绕到绝缘子左侧导线下面，并自导线内侧上来，经过绝缘子顶部交叉压在导线上，然后从绝缘子右侧导线外侧绕到绝缘子脖颈内侧，并从绝缘子左侧的导线下侧经过导线外侧上来，经绝缘子顶部交叉压在导线上，此时已有一个十字压在导线上。重复按以上方法再绑一个十字，把盘起来的绑线从绝缘子右侧的导线内侧，经下方绕到绝缘子脖颈外侧，与绑线短头在绝缘子外侧中间拧一小辫，将其余绑线剪断并将小辫压平，绑扎完毕，如图 3 –5(e)所示。

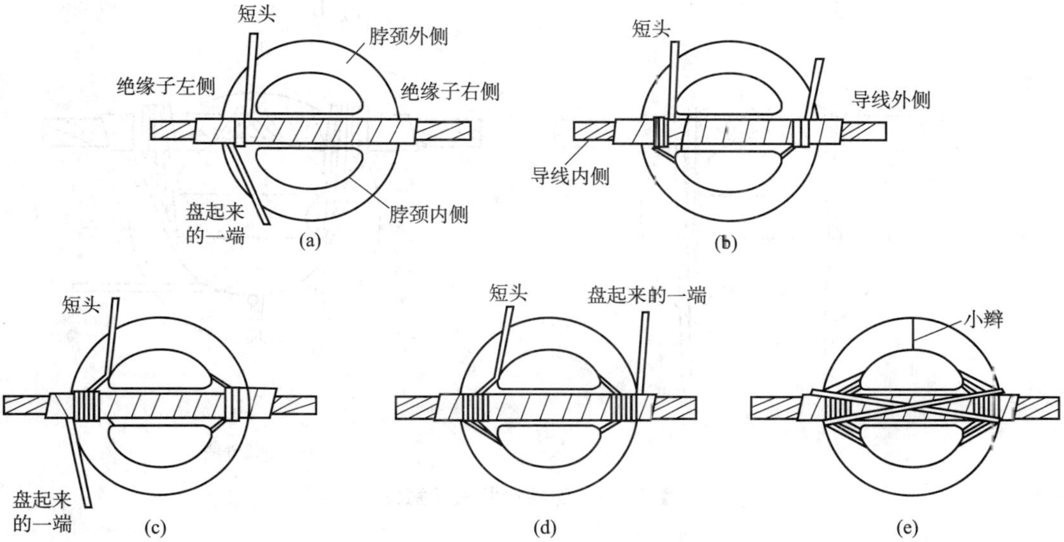

图 3 –5　顶槽绑扎法示意图

(2)边槽绑扎法，也称颈扎法，适用于直线转角杆，此时导线应放在绝缘子脖颈外侧，绝缘子顶槽较浅的直线杆也可以应用这种绑扎方法，如图 3 –6 所示。其绑扎步骤是：①在绑扎处的导线上缠铝包带，若是铜线则可不缠铝包带。②把绑线盘成一个圆盘，在绑线的一端留出一个短头，其长度为 250mm 左右，用绑线的短头在绝缘子左侧的导线上绕 3 圈，方向是自导线外侧经导线上方绕向导线内侧，如图 3 –6(a)所示。③用盘起来的绑线自绝缘子脖颈内侧绕过，绕到绝缘子右侧导线上方，即交叉在导线上方，并自绝缘子左侧导线外侧经导线下方绕到绝缘子脖颈内侧，在绝缘子内侧的绑线绕到绝缘子右侧导线下方，交叉在导线上，并自绝缘子左侧导线上方绕到绝缘子脖颈内侧，此时导线外侧已有一个十字，如图 3 –6(b)所示。④重复上法再绑一个十字，用盘起来的绑线绕到右侧导线上，并绕 3 圈，方向是自导线上方绕到导线外侧，再到导线下方，用盘起来的绑线，从绝缘子脖颈内侧绕回到绝缘子左侧导线上，并绑 3 圈，方向是从导线下方经过外侧绕到导线上方，如图 3 –6(c)所示。⑤再经过绝缘子脖颈内侧回到绝缘子右侧导线上，并绕 3 圈，方向是从导线上方经外侧绕到导线下方，最后回到绝缘子脖颈内侧中间，与绑线短头拧一个小辫，剪去压平，绑扎完毕，如图 3 –6(d)所示。

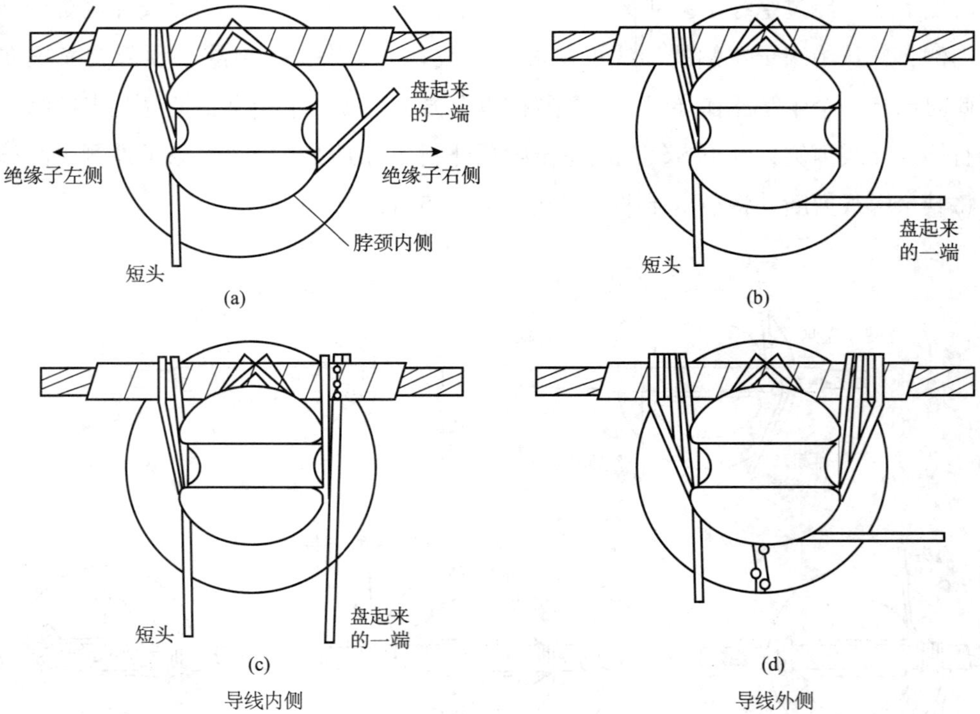

图3－6　边槽绑扎法示意图

3.2　更换耐张绝缘子

3.2.1　工作人员上杆站好位置并系好安全带后，用系好的传递绳，将紧线器拉上杆并把紧线器尾线固定在横担上，在耐张线夹前0.3～0.5m卡好紧线器导线卡头。

3.2.2　用紧线器收紧导线，使绝缘子不受力。

3.2.3　松开耐张线夹与绝缘子连接螺栓，用传递绳系好后，取下绝缘子传送到地面。

3.2.4　将新绝缘子用传递绳系好拉上杆，并安装牢固。

3.2.5　装好耐张线夹与绝缘子的连接螺栓，慢慢松开紧线器，恢复原来位置。

3.2.6　取下紧线器卡头并用传递绳系好送到地面。

3.3　验收质量标准

3.3.1　缠绕的铝包带露出绑扎端30mm，缠绕紧密；固定导线的绑线缠绕牢固无缝隙。

3.3.2　针式绝缘子固定牢靠，并加有弹簧垫圈。

3.3.3　耐张绝缘子连接牢靠，螺栓穿向正确，销口统一朝上，开口销到位并分开30°～60°。

4　操作要点

4.1　绝缘子更换前，应进行绝缘测试并合格。

4.2 往杆上提拉绝缘子时，要防止绝缘子撞击电杆。

4.3 使用的紧线工器具应安全可靠，更换绝缘子时应使用保护绳套作为后备保护。

4.4 安装人员用吊绳将所需安装的金具材料、紧线工器具与绝缘子分别安装，绳结打在铁件杆上。当提升较重的绝缘子串或紧线工器具时，可以在横担端部装一个滑轮用于起吊重物。

4.5 合成绝缘子安装时要小心轻放，绳结打在端部铁件上，提升时不得将合成绝缘子撞击电杆和横担其他部位。

4.6 严禁导线、金属物品等在合成绝缘子上摩擦滑行，严禁在合成绝缘子上爬行脚踩。110kV 及以上电压硅橡胶绝缘子应使用绳梯或挂梯上下绝缘子，严禁踩踏绝缘子。

4.7 悬式绝缘子安装完毕后，必须符合组装要求，绝缘子无受损、无裂纹、无卡阻现象，螺栓、销钉穿入方向正确，M 销子、开口销子在正常位置，弹性良好。钢件无裂纹，防腐层良好，胶装部分无松动现象。

4.8 瓷质绝缘子应用干净的抹布将绝缘子表面的脏污抹去，但对于合成绝缘子不可以用布抹，所以安装要小心，一般安装时不拆除外层包装。

5 安全注意事项

5.1 为防止误登杆塔，作业人员在登塔前应核对停电线路的双重编号，与工作票一致后方可工作。

5.2 登杆塔前要对杆塔进行检查，内容包括杆塔是否有裂纹，杆塔埋设深度是否达到要求；同时要对登高工具检查，看其是否在有效期限内；登杆前要对脚扣和安全带做冲击试验。

5.3 为防止高空坠落物体打击，作业现场人员必须戴好安全帽，严禁在作业点正下方逗留。

5.4 为防止作业人员高空坠落，杆塔上工作的作业人员必须正确使用安全带、保险绳两道保护。在杆塔上作业时，安全带应系在牢固的构件上，高空作业工作中不得失去双重保护，上下杆过程及转向移位时不得失去一重保护。

5.5 高空作业时不得失去监护。

5.6 杆上作业时，上下传递工器具、材料等必须使用传递绳，严禁抛扔。传递绳索与横担之间的绳结应系好以防脱落，金具可以放在工具袋内传递，防止高空坠物。

6 现场突发事件应急措施

6.1 触电应急处置见附件 1。

6.2 高空坠落应急处置见附件 2。

6.3 物体打击应急处置见附件 3。

项目三　导线断股的修复工作(裸导线)

1　项目简介

介绍停电进行导线断股修复的工作流程和质量标准要求。通过流程介绍和列表说明，掌握停电进行导线断股修复所需工器具和材料、操作步骤、质量标准及作业中的危险点预控等内容。

2　操作前准备

2.1　现场勘察。

工作负责人接到任务后，应组织有关人员到现场勘察，查看接受的任务是否与现场相符，以及作业现场的条件、环境，所需各种工器具、材料、车辆及危险点等。

2.2　工器具和材料准备。

2.2.1　导线断股修复所需工器具如表3－5所示。

表3－5　导线断股修复所需工器具

序号	名称	规格	单位	数量	备注
1	验电器	10kV	只	1	
2	验电器	0.4kV	只	1	
3	接地线	10kV	组	2	
4	接地线	0.4kV	组	2	
5	个人保安线	不小于16mm^2	组	若干	
6	警告牌、安全围栏				
7	绝缘手套	10kV	副	1	
8	传递绳	15m	条	1	
9	安全带	4	条	1	
10	脚扣	4	副	1	
11	钢锯弓子	1	把	1	
12	手扳胡芦	1.5t	套	1	
13	紧线器及导线夹头	导线	套	4	
14	挂钩滑轮	0.5t	个	2	
15	起线绳	15m	条	4	
16	钢丝绳		条	5	
17	大锤		把	1	
18	经纬仪及支架		套	1	
19	铁锹		把	4	
20	个人工具		套	6	

续表

序号	名称	规格	单位	数量	备注
21	钢丝绳套		条	5	
22	紧线器及拉线卡头	地线	套	2	
23	断线钳	1号	把	1	
24	钢卷尺	3m	个	1	
25	地锚		组	2	
26	手锤		把	1	
27	导电膏		盒	1	
28	红蓝铅笔		支	2	
29	钢丝刷		把	2	
30	手套		双	8	
31	涂料刷		把	2	
32	压接钳及压模		套	1	
33	锉刀		把	1	
34	绑扎线		盘		
35	橡胶锤		把	2	
36	游标卡尺		个	1	
37	防潮布		块	1	
38	木板		块	2	

2.2.2　导线断股修复所需材料如表3－6所示。

表3－6　导线断股修复所需材料

序号	名称	规格	单位	数量	备注
1	预绞丝		套	（按计划）	
2	绑线		盘	若干	
3	铝包带		盘	若干	
4	松动剂		瓶	1	
5	钢锯条		条	10	
6	棉纱布		m	1.5	
7	接续管		套	（按计划）	
8	汽油		L	2	
9	绝缘子	（按计划）		（按计划）	
10	各种金具	（按计划）		（按计划）	
11	红油漆		kg	0.25	

2.2.3 工作前的检查。

(1)检查连接管是否与导线规格一致，钳压管、液压管表面及管内是否光滑，无凸、凹现象，无氧化及腐蚀，有无裂纹毛刺，是否平直，其弯曲度不得超过1%。

(2)检查使用的导线与原导线是否属同一规格。

(3)连接管上有无划出钳压位置印记。

(4)检查钢压模是否与导线规格匹配。

3 操作步骤

3.1 确定处理方案。

3.1.1 工作负责人指派经验丰富的工作人员，登杆检查导线的损伤情况。

3.1.2 根据检查结果，确定断股导线的修复方案。

3.1.3 线芯截面损伤不超过导电部分截面积的17%时，可敷线修补。

3.1.4 在同一截面积内，损伤面积超过线芯导电部分截面积的17%或钢芯断一股时，应锯断重接。

3.2 导线断股的修复。

3.2.1 线芯截面损伤不超过导电部分截面积的17%时，可敷线修补。敷线长度应超过损伤部分，每端缠绕长度超过损伤部分不小于100mm。线芯截面损伤在导电部分截面积的6%以内，损伤深度在单股线直径的1/3之内，可用同金属的单股线在损伤部分缠绕，缠绕长度应超出损伤部分两端各30mm。

3.2.2 线芯损伤面积超过导电部分截面积的17%时，应锯断重接，步骤如下：

(1)将断股的导线落地。

(2)在断股处锯断导线，线芯端头用绑线扎紧。

3.2.3 清除两根导线压接部分的污垢。用钢丝刷来回刷导线，并用钢丝刷背部敲击导线，将其污垢震掉。清除长度为连接部分的2倍。

3.2.4 清除铝接续管内壁的污垢。可以用较小的涂料刷或者把棉布穿过管子，拿住棉布两头来回擦拭。

3.2.5 用浸过汽油的棉布擦拭清洁导线、接续管、垫片等。

3.2.6 待擦拭导线、铝接续管、铝芯垫片的汽油挥发后，用干净的棉布再擦拭，并涂导电膏。

3.2.7 将两导线头穿过铝接续管，并出管30~50mm，然后穿入垫片。

3.2.8 穿垫片时应贴着导线并顺直，一只手扶好垫片，另一只手用钳子头部轻轻敲击垫片端头，慢慢将垫片打入管中。切忌用力过猛，避免将垫片打弯。压接时，一人操作压接钳，一人扶好压接钳头部与铝接续管。对钢芯铝绞线，应从中间开始向一端上下交错压接。压接时，应对准压模中心，一侧压接完毕后，返回中间开始向另一端上下交错压接

（当采用液压钳时，每压好一个模时不要马上松开钢模，应停留 30s 以上再松开），且两端最后一模均应压在导线的副头上。对铜或铝绞线，应从一端开始上下交错压接至另一端，且两端最后一模均应压在导线的副头上。

3.2.9　导线钳压口尺寸和压口数如表 3－7 所示。

表 3－7　导线钳压口尺寸和压口数

导线型号		钳压部位尺寸/mm			压口尺寸 A4/mm	压口数
		A1	A2	A3		
	LGJ－16	28	14	28	1(5)	12
	LGJ－25	32	15	31	1(5)	14
	LGJ－35	34	4(5)	9(5)	17.5	14
	LGJ－50	38	48.5	10(5)	20.5	16
钢芯铝绞线	LGJ－70	46	5(5)	12(5)	2(5)	16
	LGJ－95	54	61.5	14(5)	29.5	20
	LGJ－120	62	67.5	160.5	3(5)	24
	LGJ－150	64	70	166	3(5)	24
	LGJ－185	66	7(5)	17(5)	39.5	26
	LJ－16	28	20	34	10.5	6
	LJ－25	32	20	35	1(5)	6
	LJ－35	36	25	43	14.0	6
	LJ－50	40	25	45	1(5)	8
	LJ－70	44	28	50	19.5	8
铝绞线	LJ－95	48	32	56	23.0	10
	LJ－95	48	32	56	23.0	10
	LJ－120	52	33	59	26.0	10
	LJ－150	56	34	62	30.0	10
	LJ－185	60	35	65	3(5)	10
	TJ－16	28	14	28	10.5	6
	TJ－25	32	16	32	12.0	6
	TJ－35	36	18	36	1(5)	6
	TJ－50	40	20	40	17.5	8
铜绞线	TJ－70	44	22	44	20.5	8
	TJ－95	48	24	48	24.0	10
	TJ－120	52	26	52	27.5	10
	TJ－150	56	28	56	31.5	10

注：压接后尺寸的允许误差：铜钳压管为 ±0.5mm，铝钳压管为 ±1.0mm。

3.2.10　按规定的压口数和压接顺序压接后，按钳压标准校直钳压接续管。

3.2.11　对于240mm^{2}及以上的导线，通常采用液压连接。导线的液压连接与导线的钳压连接方法近似。

3.2.12　恢复导线。用预绞丝修复方法如下：

(1)先将受伤线股处理平整，用蘸有汽油的棉布清洁导线及预绞丝，用钢丝刷来回刷导线及预绞丝，并用钢丝刷背部敲击导线，将其污垢震掉。清除长度为预绞丝的2倍。

(2)待导线及预绞丝的汽油挥发干以后，用干净的棉布再擦拭，并涂导电膏。

(3)缠绕预绞丝。预绞丝应与导线在损伤严重中心处紧密接触，且两端应超出损伤部位100mm以上。预绞丝长度不得小于3个节距。

3.3　验收质量标准。

3.3.1　接续管、预绞丝的型号与导线规格相匹配。

3.3.2　压缩连接接头的电阻应不大于等长导线电阻的2倍，机械连接接头的电阻应不大于等长导线电阻的5倍；档距内压缩接头的机械强度应不小于导体计算拉断力的90%。

3.3.3　导线接头应紧密、牢固、造型美观，不应有重叠、弯曲、裂纹及凹、凸现象。

3.3.4　钳压后，导线的露出长度大于或等于20mm，导线端部绑扎线应保留。

3.3.5　压接后，接续管两端导线不应有抽筋、灯笼等现象。接续管弯曲度应不大于管长的2%，略有弯曲时应校直。

3.3.6　压接后，接续管两端出口处、合缝处及外露部分应涂刷电力复合脂。

4　操作要点

4.1　工作负责人指派经验丰富的工作人员，登杆检查导线的损伤情况，并拍照。根据检查结果和影像记录，确定断股导线的施工方案。

4.2　线芯截面损伤不超过导电部分截面积的17%时，可以敷线修补。

4.3　在同一截面内，损伤面积超过线芯导电部分截面积的17%或钢芯断一股时，应锯断重接。

4.4　敷线长度应超出损伤部分，每端缠绕长度超过损伤部分不小于100mm。线芯截面损伤在导电部分截面积的6%以内，损伤深度在单股直径的1/3之内，可用同金属的单股线在损伤部分缠绕，缠绕长度应超出损伤部分两端各30mm。

4.5　导线锯断重接的操作要点。

4.5.1　在同一档距内每根导线不允许超过一个接头，且接头距导线固定点的距离不小于0.5m，将需要截断的受损导线用细铁丝扎紧后锯齐截除。

4.5.2　按截除的受损导线长度+2倍接续管的长度+200mm的长度量取同规格型号的新导线。

4.5.3　按照规程要求和设计标准在铝接续管上画印，画出压膜顺序及间隔。

4.5.4　清除两根旧导线压接部分的污垢，清除铝接续管内壁的污垢，并涂导电膏。

4.5.5　确定新导线的绞制方向与旧导线一致后，将新旧两根导线头穿过铝接续管，并出管30mm，然后穿入垫片。垫片应贴着导线并顺直，慢慢用钳子头轻轻打入管中，避免将垫片打弯。

4.5.6　按导线的规格选择压膜一人操作压接钳，一人扶好压接钳头部与铝接续管。应从中间开始向一端上下交错压接。压接时，应对准压膜中心，一侧压接完毕后，返回中间开始向另一端上下交错压接，且两端最后一模均应压在导线的副头上。

4.5.7　按规定的压口数和压接顺序压接后，按钳压标准校直钳压接续管。

5　安全注意事项

5.1　为防止误登杆塔，作业人员在登塔前应核对停电线路的双重编号，与工作票一致后方可工作。

5.2　登杆塔前要对杆塔进行检查，内容包括杆塔是否有裂纹，杆塔埋设深度是否达到要求；同时要对登高工具检查，看其是否在有效期限内；登杆前要对脚扣和安全带做冲击试验。

5.3　为防止高空坠落物体打击，作业现场人员必须戴好安全帽，严禁在作业点正下方逗留。

5.4　为防止作业人员高空坠落，杆塔上工作的作业人员必须正确使用安全带、保险绳两道保护。在杆塔上作业时，安全带应系在牢固的构件上，高空作业工作中不得失去双重保护，上下杆过程及转向移位时不得失去一重保护。

5.5　高空作业时不得失去监护。

5.6　杆上作业时，上下传递工器具、材料等必须使用传递绳，严禁抛扔。传递绳索与横担之间的绳结应系好以防脱落，金具可以放在工具袋内传递，防止高空坠物。

6　现场突发事件应急措施

6.1　触电应急处置见附件1。

6.2　高空坠落应急处置见附件2。

6.3　物体打击应急处置见附件3。

项目四　架空线路直线杆正杆

1　项目简介

介绍停电进行直线杆正杆(垂直和顺线路方向发生倾斜)的工作流程和质量标准要求。通过介绍和列表说明，掌握停电进行直线杆正杆所需工器具和材料、操作步骤、质量标准及作业中的危险点预控等内容。

2 操作前准备

2.1 现场勘察。

工作负责人接到任务后，应组织有关人员到现场勘察，应查看接受的任务是否与现场相符，以及作业现场的条件、环境，所需各种工器具、材料、车辆及危险点等。

2.2 工器具和材料准备。

2.2.1 直线杆正杆所需工器具如表3－8所示。

表3－8 直线杆正杆所需工器具

序号	名称	规格	单位	数量	备注
1	吊车	12t	辆	1	
2	验电器		只	1	
3	接地线	10kV	组	2	
4	接地线	0.4kV	组	2	
5	个人保安线	不小于 $16mm^2$	组	若干	
6	绝缘手套	10kV	副	1	
7	安全带		条	2	
8	脚扣	4	副	1	
9	钢锯弓子	1	把	1	
10	传递绳	15m	条	2	
11	挂钩滑轮	0.5t	个	2	
12	手扳胡芦	1.5t	套	1	
13	钢丝绳套	1m	条	3	
14	钢丝绳	15m	条	1	
15	钢卷尺	3m	个	1	
16	手锤		把	1	
17	大锤	10lb(磅)	把	2	
18	铁锹		把	4	
19	夯锤		把	1	
20	桩式地锚		组	2	
21	经纬仪及支架		套	1	
22	螺旋式卡环		个	3	
23	个人工具		套	4	
24	镐		把	1	

2.2.2 直线杆正杆所需材料如表3－9所示。

表3-9　直线杆正杆所需材料

序号	名称	规格	单位	数量	备注
1	拉线反光管		套	1	
2	绑线		盘	若干	
3	铝包带		盘	若干	
4	松动剂		瓶	1	
5	钢锯条		条	10	
6	棉纱		kg	0.5	

3　操作步骤

直线杆正杆分为杆塔垂直线路倾斜和顺线路倾斜两种。

3.1　垂直线路倾斜直线杆正杆操作步骤。

3.1.1　用吊车臂支撑着杆塔倾斜的一侧，工作人员登杆在支撑下侧绑好吊绳，并挂到吊钩上。然后用吊车固定好杆塔，防止杆上人员在工作时杆塔倾倒。

3.1.2　在杆塔倾斜的反方向，距杆塔约1.5～2倍杆高处挖坑栽入地锚，将手扳葫芦下端固定钩与桩式地锚上的钢丝绳套连接。

3.1.3　杆上人员站好适当位置，用传递绳将事先准备好的钢丝绳套拉上杆，把钢丝绳套固定在电杆上，距横担约1.5m处，并将手扳葫芦牵引钩挂在套子上，做好临时拉线。

3.1.4　用手扳葫芦收紧临时拉线，同时工作人员在杆塔倾斜反方向的杆根处挖去杆根的土。

3.1.5　继续收紧临时拉线，并在杆塔倾斜一侧的杆根处填土夯实，直至将杆塔正好为止。

3.1.6　将杆根周围填土夯实。

3.1.7　拆除手扳葫芦临时拉线和吊车吊绳，正杆完毕。

3.2　顺线路倾斜的直线杆正杆操作步骤。

3.2.1　用吊车臂支撑着杆塔倾斜的一侧，工作人员登杆在支撑点的下侧绑好吊绳，并挂到吊钩上。然后用吊车固定好杆塔，防止杆上人员在工作时杆塔倾倒。

3.2.2　在杆塔倾斜的反方向，距杆塔约1.5～2倍杆高处挖坑栽入地锚，将手扳葫芦下端固定钩与桩式地锚上的钢丝绳套连接。

3.2.3　杆上人员站好适当位置，用传递绳将事先准备好的钢丝绳套拉上杆，将钢丝绳套固定在电杆上，距横担约1.5m处，并将手扳葫芦牵引钩挂在套子上，做好临时拉线。

3.2.4　将倾斜直线杆固定导线的绝缘子绑线解开，并把导线从绝缘子顶槽移开放在横担上。

3.2.5　用手扳葫芦收紧临时拉线，同时工作人员在杆塔倾斜侧反方向的杆根处挖去杆根的土。

3.2.6 继续收紧临时拉线，并在杆塔倾斜侧的杆根处填土夯实。直至将杆塔正好为止。

3.2.7 将杆根周围填土夯实。

3.2.8 将导线绑扎在绝缘子上。

3.2.9 拆除手扳葫芦临时拉线和吊车吊绳，正杆完毕。

3.3 验收质量标准。

3.3.1 直线杆正好后，杆塔应垂直于地面，并与相邻杆塔在一条直线上。

3.3.2 杆身不得有纵向裂纹，横向裂纹宽度不得超过0.1mm，长度不得超过周长的1/3，且1m内横向裂纹不得超过3处。

3.3.3 杆塔正好后，两侧三相导线弧垂应力求一致，否则应进行调整。

4 操作要点

4.1 将大绳使用活扣拴在电杆上，使用长竹竿或加长的令克棒将绳扣的绳圈送至横担以下1.5m处后收紧大绳。

4.2 当使用大绳无法将杆塔正好的情况下，可用竹竿配合小绳引导钢丝绳的方法将钢丝绳用卸扣拴在现有拴绳的上方。然后用手扳葫芦收紧钢丝绳，直至将杆塔正好。

4.3 登杆将导线与绝缘子的连接拆除，然后将歪斜的横担修正。绝缘子与导线重新连接好后应与导线垂直。金具的安装、连接应符合规程要求，且连接牢固。

4.4 电杆两侧三相导线弧垂应力求一致，否则应进行整改。

4.5 在正杆过程中，收紧临时拉线的人员应与在杆根挖、填土人员密切配合，防止在紧临时拉线时杆塔受力过大而导致杆塔裂纹。

5 安全注意事项

5.1 为防止误登杆塔，作业人员在登塔前应核对停电线路的双重编号，与工作票一致后方可工作。

5.2 为防止作业人员高空坠落，杆塔上工作的作业人员必须正确使用安全带、保险绳两道保护。在杆塔上作业时，安全带应系在牢固的构件上，高空作业工作中不得失去双重保护，上下杆过程及转向移位时不得失去一重保护。

5.3 为防止高空坠落物体打击，作业现场人员必须戴好安全帽，严禁在作业点正下方逗留。

5.4 登杆塔前要对杆塔进行检查，内容包括杆塔是否有裂纹，杆塔埋设深度是否达到要求；同时要对登高工具检查，看其是否在有效期限内；登杆前要对脚扣和安全带做冲击试验。

5.5 高空作业时不得失去监护。

5.6 杆上作业时上下传递工器具、材料等必须使用传递绳，严禁抛扔。传递绳索与横担之间的绳结应系好以防脱落，金具可以放在工具袋传递，防止高空坠物。

6　现场突发事件应急措施

6.1　触电应急处置见附件1。

6.2　高空坠落应急处置见附件2。

6.3　物体打击应急处置见附件3。

项目五　架空线路转角杆正杆

1　项目简介

介绍停电进行转角杆正杆（垂直和顺线路方向发生倾斜）的工作流程和质量标准要求。通过流程介绍和列表说明，掌握停电进行转角杆正杆所需工器具和材料、操作步骤、质量标准及作业中的危险点预控等内容。

2　操作前准备

2.1　现场勘察。

工作负责人接到任务后，应组织有关人员到现场勘察，查看接受的任务是否与现场相符，以及作业现场的条件、环境，所需各种工器具、材料、车辆及危险点等。

2.2　工器具和材料准备。

2.2.1　转角杆正杆所需工器具如表3－10所示。

表3－10　转角杆正杆所需工器具

序号	名称	规格	单位	数量	备注
1	吊车	12t	辆	1	
2	验电器		只	1	
3	接地线	10kV	组	2	
4	接地线	0.4kV	组	2	
5	个人保安线	不小于16mm^2	组	若干	
6	绝缘手套	10kV	副	1	
7	安全带		条	2	
8	脚扣	4	副	1	
9	钢锯弓子	1	把	1	
10	起线绳	15m	条	2	
11	挂钩滑轮	0.5t	个	2	
12	紧线器及导线夹头	导线	套	4	
13	紧线器及拉线卡头	地线	套	2	
14	手扳胡芦	1.5t	套	1	

续表

序号	名称	规格	单位	数量	备注
15	钢丝绳套		条	4	
16	钢卷尺	3m	个	1	
17	断线剪	1 号	把	1	
18	手锤		把	1	
19	大锤	10lb(磅)	把	2	
20	铁锹		把	4	
21	夯锤		把	1	
22	地锚		组	2	
23	桩式地锚		组	2	
24	经纬仪及支架		套	1	
25	螺旋式卡环		个	3	

2.2.2　转角杆正杆所需材料如表 3－11 所示。

表 3－11　转角杆正杆所需材料

序号	名称	规格	单位	数量	备注
1	拉线反光管护罩		套	1	
2	楔形线夹		套	1	
3	UT 形线夹		套	1	
4	松动剂		瓶	1	
5	钢锯条		条	10	
6	棉纱		kg	0.5	
7	绑线		盘	若干	
8	铝包带		盘	若干	

3　操作步骤

转角杆正杆分为杆塔向内角倾斜和顺线路一侧倾斜两种。

3.1　向内角倾斜转角杆正杆操作步骤。

3.1.1　用吊车臂支撑着杆塔的内角侧，工作人员登杆，在支撑点的下侧绑好吊绳，并挂到吊钩上。然后用吊车固定好杆塔，防止杆上人员工作时杆塔倾倒。

3.1.2　在杆塔的外角侧方向，距杆塔约 1.5～2 倍杆高处挖坑栽入地锚，将手扳葫芦下端固定钩与桩式地锚上的钢丝绳套连接。

3.1.3　杆上人员站在适当位置，用传递绳将事先准备好的钢丝绳套拉上杆，把钢丝绳套固定在电杆上距横担约 1.5m 处，并将手扳葫芦牵引钩挂在套子上，做好临时拉线。

3.1.4　用手扳葫芦收紧临时拉线，同时工作人员在杆塔外角侧的杆根处挖去杆根的土。

3.1.5　继续收紧临时拉线，并在杆塔内角侧的杆根处填土夯实，直至将杆塔正好为止。

3.1.6　调整杆塔外角侧的拉线并紧固，将杆根周围填土夯实。

3.1.7　拆除手扳葫芦临时拉线和吊车吊绳，正杆完毕。

3.2　顺线路向一侧倾斜的转角杆正杆操作步骤。

3.2.1　用吊车臂支撑着杆塔倾斜的一侧，工作人员登杆，在支撑点的下侧绑好吊绳，并挂到吊钩上。然后用吊车固定好杆塔，防止杆上人员工作时杆塔倾倒。

3.2.2　在杆塔倾斜的反方向，距杆塔约 1.5 ~2 倍杆高处挖坑栽入地锚，将手扳葫芦下端固定钩与桩式地锚上的钢丝绳套连接。

3.2.3　杆上人员站好适当位置，用传递绳将事先准备好的钢丝绳套拉上杆，将钢丝绳套固定在电杆上距横担约 1.5m 处，并将手扳葫芦牵引钩挂在套子上，做好临时拉线。

3.2.4　若倾斜一侧的导线过紧，需将倾斜侧以后的几基直线杆固定导线的绝缘子绑线解开，以均匀弧垂，方便正杆。否则，可不解绝缘子绑线。

3.2.5　用手扳葫芦收紧临时拉线，同时工作人员在杆塔倾斜侧反方向的杆根处挖去杆根的土。

3.2.6　继续收紧临时拉线，并在杆塔倾斜侧的杆根处填土夯实。直至将杆塔正好为止。

3.2.7　调整杆塔的拉线并紧固，将杆根周围填土夯实。

3.2.8　恢复拆除的绝缘子绑线。

3.2.9　拆除手扳葫芦临时拉线和吊车吊绳，正杆完毕。

3.3　验收质量标准。

3.3.1　转角杆正好后，杆塔应外角方向微倾，但不得超过杆高的 1%。

3.3.2　杆身不得有纵向裂纹，横向裂纹宽度不得超过 0.1mm，长度不得超过周长的 1/3，且 1m 内横向裂纹不得超过 3 处。

3.3.3　杆塔正好后，两侧三相导线弧垂应力求一致，否则应进行调整。

3.3.4　杆塔拉线受力适中且均匀。

4　操作要点

4.1　将大绳使用活扣拴在电杆上，使用长竹竿或加长的令克棒将绳扣的绳圈送至横担以下 1.5m 处后收紧大绳。

4.2　当使用大绳无法将杆塔正好的情况下，可用竹竿配合小绳引导钢丝绳的方法将钢丝绳用卸扣拴在现有拴绳的上方，然后用手扳葫芦收紧钢丝绳，直至将杆塔正好。

4.3　登杆将导线与绝缘子的连接拆除，然后将歪斜的横担修正。绝缘子与导线重新连接好后应与导线垂直。金具的安装、连接应符合规程要求，且连接牢固。

4.4　电杆两侧三相导线弧垂应力求一致，否则应进行整改。

4.5　在正杆过程中，收紧临时拉线的人员应与在杆根挖、填土人员密切配合，防止在紧临时拉线时杆塔受力过大而导致杆塔裂纹。

5　安全注意事项

5.1　为防止误登杆塔，作业人员在登塔前应核对停电线路的双重编号，与工作票一致后方可工作。

5.2　为防止作业人员高空坠落，杆塔上工作的作业人员必须正确使用安全带、保险绳两道保护。在杆塔上作业时，安全带应系在牢固的构件上，高空作业工作中不得失去双重保护，上下杆过程及转向移位时不得失去一重保护。

5.3　为防止高空坠落物体打击，作业现场人员必须戴好安全帽，严禁在作业点正下方逗留。

5.4　登杆塔前要对杆塔进行检查，内容包括杆塔是否有裂纹，杆塔埋设深度是否达到要求；同时要对登高工具检查，看其是否在有效期限内；登杆前要对脚扣和安全带做冲击试验。

5.5　高空作业时不得失去监护。

5.6　杆上作业时上下传递工器具、材料等必须使用传递绳，严禁抛扔。传递绳索与横担之间的绳结应系好以防脱落，金具可以放在工具袋传递，防止高空坠物。

6　现场突发事件应急措施

6.1　触电应急处置见附件1。

6.2　高空坠落应急处置见附件2。

6.3　物体打击应急处置见附件3。

项目六　更换跌落式熔断器

1　项目简介

介绍停电进行跌落式熔断器更换的工作流程和质量标准要求。通过流程介绍和列表说明，掌握停电进行跌落式熔断器更换所需工器具和材料、操作步骤、质量标准及作业中的危险点预控等内容。

2　操作前准备

2.1　现场勘察。

工作负责人接到任务后，应组织有关人员到现场勘察，应查看接受的任务是否与现场相符，以及作业现场的条件、环境，所需各种工器具、材料、车辆及危险点等。

2.2　工器具和材料准备。

2.2.1　更换跌落式熔断器所需工器具如表3－12所示。

表3－12　更换跌落式熔断器所需工器具

序号	名称	规格	单位	数量	备注
1	验电器	10kV	只	1	
2	验电器	0.4kV	只	1	
3	接地线	10kV	组	2	
4	接地线	0.4kV	组	2	
5	个人保安线	不小于16mm^2	组	若干	
6	警告牌、安全围栏				
7	绝缘手套	10kV	副	1	
8	安全带		条	2	
9	脚扣		副	2	
10	绝缘操作杆	4m	套	1	
11	钢锯弓子	1	把	1	
12	钢卷尺	3m	个	1	
13	绝缘电阻表	2500V	块	1	
14	挂钩滑轮	0.5t	个	1	
15	传递绳	12m	条	5	
16	个人工具		套	3	

2.2.2　更换跌落式熔断器所需材料如表3－13所示。

表3－13　更换跌落式熔断器所需材料

序号	名称	规格	单位	数量	备注
1	跌落式熔断器	按计划	支	3	
2	绑线		盘	若干	
3	松动剂		瓶	1	
4	钢锯条		条	10	
5	棉纱		kg	0.5	
6	机螺丝	$\Phi12\times40$	只	6	

2.3 更换跌落式熔断器前的检查。

2.3.1 检查熔断器出厂安装说明书及合格证、试验报告齐全有效。

2.3.2 检查熔断器绝缘子表面有无硬伤、裂纹、烧闪痕迹，清除表面灰垢、附着物及不应有的涂料。

2.3.3 检查熔断器的各部零件齐全完整，铸件无砂眼、裂纹。

2.3.4 检查动、静触头接触良好，熔丝管跌落正常、无卡涩。

2.3.5 熔丝管不应有吸潮膨胀或弯曲现象。

2.3.6 用2500V绝缘电阻表摇测绝缘电阻，不得小于500MΩ。测试方法：E端接熔断器中间固定铁件，L端分别接熔断器上下桩头。

3 操作步骤

3.1 拆除旧跌落式熔断器。

3.1.1 登杆前，必须检查杆根并确认无异常。

3.1.2 拆除跌落式熔断器端子的护罩及引线。

3.1.3 拆除跌落式熔断器，用循环绳送至杆下。

3.2 安装新跌落式熔断器。

3.2.1 地面人员用循环绳绑牢跌落式熔断器并缓缓拉上杆，在向上拉的过程中防止跌落式熔断器与电杆相碰而损坏绝缘子。

3.2.2 安装跌落式熔断器并固定牢靠。

3.2.3 连接跌落式熔断器引线，铜铝连接应有可靠的过渡措施。

3.2.4 安装跌落式熔断器连接端子绝缘防护罩。

3.3 验收质量标准。

3.3.1 跌落式熔断器安装牢固，排列整齐，高低一致，熔丝管轴线与地面的垂线夹角应在15°~30°范围内。

3.3.2 跌落式熔断器和引线排列整齐。相间距离不小于500mm。

3.3.3 分、合闸操作灵活可靠，动触头与静触头压力正常、接触良好。分、合熔丝管时，触头应有一定的压缩行程。

3.3.4 引线连接宜采用接线端子，且牢固可靠。

4 操作要点

4.1 熔丝的选择：100kVA及以下的变压器熔丝的额定电流按变压器一次额定电流的2~3倍；100kVA以上的变压器熔丝的额定电流按变压器一次额定电流的1.5~2倍选择。熔丝的选定应上下级保护配合，所使用的熔丝必须是正规厂家的合格产品，禁止用其他金属丝替代。

4.2　熔断器绝缘子表面各部件齐全完整，铸件无砂眼、裂纹，绝缘子表面无裂纹、损伤。

4.3　跌落式熔断器安装牢固，排列整齐，高低一致，熔丝管轴线与地面的垂线夹角应在15°~30°范围内。

4.4　跌落式熔断器和引线排列整齐，相间距离不小于500mm。

4.5　分、合闸操作灵活可靠，动触头与静触头压力正常，接触良好。分、合熔丝管时，触头应有一定的压缩行程。

4.6　引线与熔断器连接应使用接线端子或线夹，连接后不应使其受力。

4.7　合闸或跌落困难时，应查明原因，并调整跌落式熔断器桩头，保证合闸或跌落灵活可靠。

5　安全注意事项

5.1　为防止误登杆塔，作业人员在登塔前应核对停电线路的双重编号，与工作票一致后方可工作。

5.2　登杆塔前要对杆塔进行检查，内容包括杆塔是否有裂纹，杆塔埋设深度是否达到要求；同时要对登高工具检查，看其是否在有效期限内；登杆前要对脚扣和安全带做冲击试验。

5.3　为防止高空坠落物体打击，作业现场人员必须戴好安全帽，严禁在作业点正下方逗留。

5.4　为防止作业人员高空坠落，杆塔上工作的作业人员必须正确使用安全带、保险绳两道保护。在杆塔上作业时，安全带应系在牢固的构件上，高空作业工作中不得失去双重保护，上下杆过程及转向移位时不得失去一重保护。

5.5　高空作业时不得失去监护。

5.6　杆上作业时，上下传递工器具、材料等必须使用传递绳，严禁抛扔。传递绳索与横担之间的绳结应系好以防脱落，金具可以放在工具袋传递，防止高空坠物。

5.7　操作跌落式熔断器时，应先断开低压负荷，防止操作时发生短路事故。

6　现场突发事件应急措施

6.1　触电应急处置见附件1。

6.2　物体打击应急处置见附件3。

项目七　更换跌落式熔断器熔丝

1　项目简介

介绍停电进行更换跌落式熔断器熔丝的工作流程和质量标准要求。通过流程介绍和列表说明，掌握停电进行更换跌落式熔断器熔丝所需工器具和材料、操作步骤、质量标准及作业中的危险点预控等内容。

2 操作前准备

2.1 现场勘察。

工作负责人接到任务后，应组织有关人员到现场勘察，应查看接受的任务是否与现场相符，以及作业现场的条件、环境，所需各种工器具、材料及危险点等。

2.2 工器具和材料准备。

2.2.1 更换跌落式熔断器熔丝所需工器具如表3－14所示。

表3－14 更换跌落式熔断器熔丝所需工器具

序号	名称	规格	单位	数量	备注
1	绝缘手套	10kV	副	1	
2	绝缘靴	30kV	双	1	
3	绝缘操作杆	35kV	组	1	
4	高压验电器	35kV	只	1	
5	警告牌、安全围栏				
6	个人工具		套	3	

2.2.2 更换跌落式熔断器熔丝所需材料如表3－15所示。

表3－15 更换跌落式熔断器熔丝所需材料

序号	名称	规格	单位	数量	备注
1	高压熔丝		根	若干	准备不同额定电流的熔丝

3 操作步骤

3.1 断开变压器二次开关，将低压负荷停运。

3.2 将变压器停电后进行检查。

3.3 根据检查结果分析熔丝熔断的原因。

3.3.1 熔断器额定开断容量小，其下限值小于被保护系统的三相短路容量，熔丝误熔断。

3.3.2 熔丝质量不良，其焊接处受到温度及机械力的作用后脱开，发生误断。

3.3.3 大气过电压，造成熔丝熔断。

3.3.4 更换熔丝时，操作方法不正确，熔丝受伤断股，发生误熔断。

3.3.5 变压器内部短路故障，熔丝保护熔断。

3.3.6 变压器外部故障，熔丝保护熔断。

3.3.7　操作时，合闸不到位造成触头烧伤产生毛刺引起接触不良，使触头过热，弹簧退火，促使触头接触更为不良，形成恶性循环造成熔丝熔断。

3.3.8　被保护线路发生短路和过负荷故障，熔丝保护熔断。

3.4　检查无异常后，更换相应规格的熔丝。

3.4.1　熔丝的选择。

(1)100kVA 及以下的变压器熔丝的额定电流按变压器一次额定电流的 2～3 倍。

(2)100kVA 以上的变压器熔丝的额定电流按变压器一次额定电流的 1.5～2 倍选择。

(3)多台变压器支线，总容量在 400～800kVA 以内支线熔丝按总容量的额定电流的 2～1.5 倍选择。

(4)熔丝的选定应与上下级保护配合，所使用的熔丝必须是正规厂家的合格产品，禁止用其他金属丝替代。

3.4.2　熔丝的安装。

(1)将熔丝穿入熔管内，两端拧紧，使熔丝位于熔管中间偏上的地方，熔丝拉紧后将两端分别和上下动触头螺钉连接并拧紧，熔丝预留的长度禁止塞入熔管中，以免影响灭弧效果。

(2)安装熔丝注意固定熔丝尾部时，应顺时针方向紧固。

(3)熔丝不应有断股现象，并且松紧适宜。

(4)安装时应将熔丝拉紧，否则过松，易使熔管误动或合不上。

(5)在变压器空载状态下试送电。

(6)监测变压器空载运行状态。

(7)合上变压器二次开关，使变压器带负荷运行。

4　操作要点

4.1　停、送跌落式熔断器前必须将低压负荷停运，不得带负荷进行操作跌落式熔断器。

4.2　操作跌落式熔断器时应由两人进行，一人操作、一人监护，操作者必须穿戴经试验合格的绝缘手套、绝缘靴和安全帽，使用电压等级相匹配的合格绝缘操作杆操作，在雷电或者大雨的气候下禁止操作。

4.3　在拉闸操作时，应先拉开中间相，再拉开下风向的边相，最后拉开上风向的边相，合闸时顺序相反。

4.4　一相熔丝熔断时，应先将变压器停电后进行检查。通过看、闻、听，无发现其他异常，可更换相应规格的熔丝，在变压器空载状态下试送电，并经过监测变压器电流、电压及声音等相关参数处于正常状态下时，可带负荷运行。

4.5　两相熔丝或三相熔丝熔断时，主要原因是变压器内部或外部线路故障引起的，应该将变压器停电后进行检查。

4.5.1　检查高压引线及瓷绝缘部分有无闪络放电痕迹，同时观测变压器有无过热、变色、喷油等异常现象，本体有无异常声音。

4.5.2　变压器熔丝熔断后，外观无明显异常时，可通过摇测绝缘电阻、油化验进行判断、处理，如果仍无明显事故迹象时，可用电桥测量变压器直流电阻来进一步判断，确定事故性质。

4.5.3　待确定变压器各项指标正常后，方可在变压器空载情况下试送电。

4.6　拉、合熔断器时不要用力过猛，合好后，要仔细检查鸭嘴舌能紧紧扣住舌头 2/3 以上，可用操作杆钩住上鸭嘴向下压几下，再轻轻试拉，检查是否合好。

5　安全注意事项

5.1　安全用具在使用前不检查和不按要求使用有造成人身伤害事故的危险。

5.2　操作高压跌落式熔断器前未检查、确定变压器二次侧是否断开，易造成设备事故和人员事故。

5.3　操作高压跌落式熔断器时不按安全操作规程操作，易发生设备事故和人员事故。

6　现场突发事件应急措施

6.1　触电应急处置见附件 1。

6.2　物体打击应急处置见附件 3。

项目八　更换避雷器

1　项目简介

介绍停电进行避雷器更换的工作流程和质量标准要求。通过流程介绍和列表说明，掌握停电进行更换跌落式熔断器熔丝所需工器具和材料、操作步骤、质量标准及作业中的危险点预控等内容。

2　操作前准备

2.1　现场勘察。

工作负责人接到任务后，应组织有关人员到现场勘察，应查看接受的任务是否与现场相符，以及作业现场的条件、环境，所需各种工器具、材料及危险点等。

2.2　工器具和材料准备。

2.2.1　更换避雷器所需工器具如表 3－16 所示。

表 3－16　更换避雷器所需工器具

序号	名称	规格	单位	数量	备注
1	验电器	10kV	支	1	
2	验电器	0.4kV	组	2	
3	接地线	10kV	组	1	
4	接地线	0.4kV	组	1	
5	个人保安线	不小于 $16mm^2$	组	若干	
6	警告牌、安全围栏		组	1	
7	绝缘手套	10kV	副	1	
8	绝缘操作杆	10kV	套	1	
9	传递绳	15m	条	2	
10	挂钩滑轮		组	1	
11	安全带		条	2	
12	脚扣		副	2	
13	绝缘电阻表	5000V	块	1	
14	个人工具		套	4	
15	钢锯弓子		把	1	

2.2.2　更换避雷器所需材料如表 3－17 所示。

表 3－17　更换避雷器所需材料

序号	名称	型号	单位	数量	备注
1	避雷器	HYWS－17/50	个	根据计划准备	
2	松动剂		瓶	1	
3	钢锯条		条	10	
4	棉纱		kg	0.5	
5	高压避雷器背板		块	3	
6	绝缘自黏带		盘	1	
7	绝缘线	JKTYJ－10－25	m	5	

2.3　更换避雷器前的检查。

2.3.1　检查避雷器出厂安装说明书及合格证、试验报告齐全有效。

2.3.2　检查合成绝缘避雷器主体及伞裙表面有无划痕、烧痕，清除表面灰垢、附着物及不应有的涂料。

2.3.3　检查避雷器的各部零件、铭牌齐全完整。

2.3.4　检测1mA直流参考电压，其值不低于出厂值的97%；75%直流1mA电压泄漏不大于50μA。

2.3.5　测绝缘电阻。用2500V绝缘电阻表测量，绝缘电阻不得低于10000MΩ。

3　操作步骤

3.1　拆除旧避雷器。

3.1.1　拆除避雷器上、下端引线。

3.1.2　拆除避雷器。杆上与地面工作人员相互配合，用传递绳将避雷器绑牢送到地面。

3.2　安装新避雷器。

3.2.1　将避雷器用绳索绑牢，传递给杆上人员。

3.2.2　安装避雷器。

3.2.3　连接避雷器上、下端引线。

3.3　验收质量标准。

3.3.1　避雷器应垂直安装，不歪斜，固定牢固，排列整齐，高低一致，相间距离不小于350mm。

3.3.2　连接引线应采用绝缘导线，截面积应不小于：铜线25mm^2，铝线35mm^2；与避雷器连接应用设备线夹或连接端子，连接紧密，接触良好。若连接的引线为铝线，连接点必须有铜铝过渡。

3.3.3　三相引线连接好后，应短而直，相间距离一致，松紧适中，且不应使避雷器桩头受力。

3.3.4　与绝缘线连接处使用绝缘自黏带恢复绝缘，防止引线进水。

3.3.5　避雷器接地端应与接地线做可靠连接，必要时应使用接线端子。

4　操作要点

4.1　避雷器上下引线不应过紧或过松，连接引线不应使避雷器受力。

4.2　避雷器的引线与导线连接要牢固，紧密接头长度应不小于100mm。

4.3　避雷器引线要用两块垫片压在接线螺栓的中间，且要压紧，在接线时不要用力过猛。

4.4　避雷器带电部分与相邻导线或金属架的距离应不小于350mm。

4.5　避雷器应垂直安装，排列要整齐。

4.6　避雷器与接地线的连接应短而直，不能迂回弯曲。

5　安全注意事项

5.1　为防止误登杆塔，作业人员在登塔前应核对停电线路的双重编号，与工作票一致后方可工作。

5.2　登杆塔前要对杆塔进行检查，内容包括杆塔是否有裂纹，杆塔埋设深度是否达到要求；同时要对登高工具进行检查，看其是否在有效期限内；登杆前要对脚扣和安全带做冲击试验。

5.3　为防止高空坠落物体打击，作业现场人员必须戴好安全帽，严禁在作业点正下方逗留。

5.4　为防止作业人员高空坠落，杆塔上工作的作业人员必须正确使用安全带、保险绳两道保护。在杆塔上作业时，安全带应系在牢固的构件上，高空作业工作中不得失去双重保护，上下杆过程及转向移位时不得失去一重保护。

5.5　高空作业时不得失去监护。

5.6　杆上人员要用传递绳索将工具材料传送，严禁抛扔。

5.7　杆上作业时，上下传递工器具、材料等必须使用传递绳。传递绳索与横担之间的绳结应系好以防脱落，金具可以放在工具袋内传递，防止高空坠物。

6　现场突发事件应急措施

6.1　触电应急处置见附件1。

6.2　高空坠落应急处置见附件2。

6.3　物体打击应急处置见附件3。

项目九　更换横担及金具

1　项目简介

介绍线路杆上作业中横担及金具安装工艺。通过图表列举和图形说明，掌握作业前准备、安装作业工作流程、操作步骤和验收质量标准，以及危险点预控等内容。

2　操作前准备

工器具和材料准备。

2.1　横担及金具安装所需工器具如表3－18所示。

表3－18　横担及金具安装所需工器具

序号	名称	规格	单位	数量	备注
1	个人用具		套	1	登高、安全防护、常规工具等
2	工具袋		只	1	
3	传递滑车	1t	个	1	
4	绳套	与传递滑车配合	个	1	

2.2　横担及金具安装所需材料如表3－19所示。

表3－19　横担及金具安装所需材料

序号	名称	规格	单位	数量	备注
1	横担		块	若干	根据装置要求决定
2	抱箍托架		块	若干	根据装置要求决定
3	抱箍		只	若干	根据装置要求决定
4	螺栓	M16	只	若干	
5	垫圈	M18	kg	若干	
6	各类金具		套	若干	

3　操作步骤

3.1　地面装配。

3.1.1　根据图3－7要求进行配置直线横担。目前使用的大部分电杆是拔梢型电杆，即不同部位的电杆直径是不同的，所以需要在电杆上不同位置配置相应的螺栓和抱箍，有些横担有腰形长孔。一般使用M16螺栓与横担连接并固定，在此孔安装螺栓时应该放上一片08的垫圈。

图3－7　直线横担装置图

3.1.2　根据图3－8要求进行配置耐张横担。由两个单帽螺栓和两个双头四帽螺栓、垫圈等与横担连接并固定于电杆上，用合适的螺栓、垫圈等加以配置。

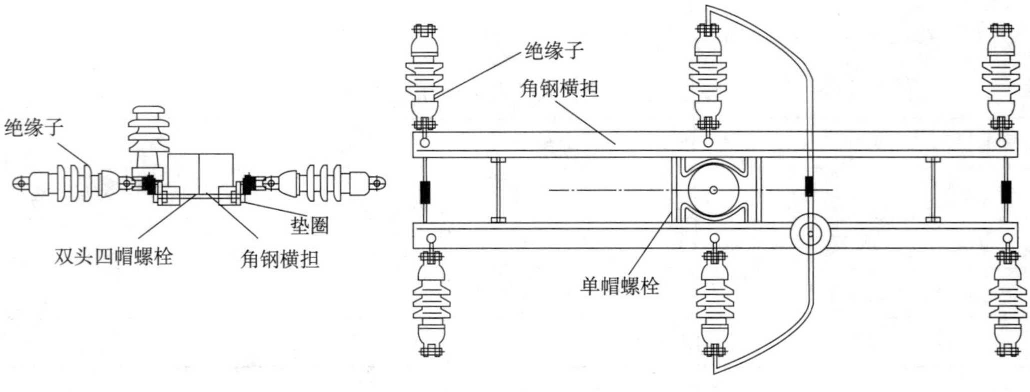

图3－8　耐张横担装置图

3.1.3 根据图3－9要求进行配置终端横担。与耐张横担有区别的是承受导线单侧的张力，若选用上述耐张横担作为终端横担，一般则要在导线的另一侧加装拉线以平衡张力，如图3－10所示的电杆单侧拉线。

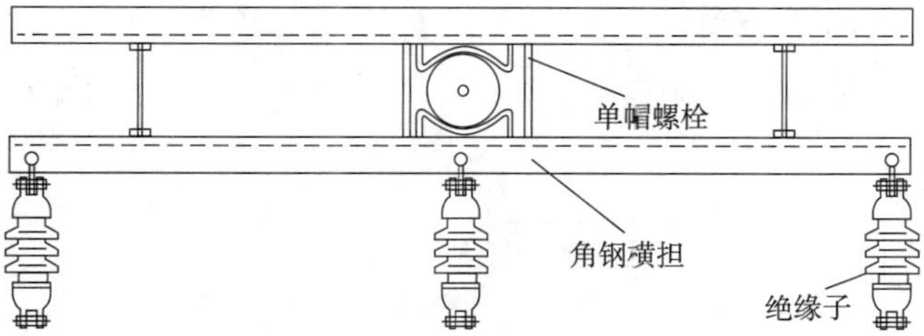

图3－9 终端横担装置图

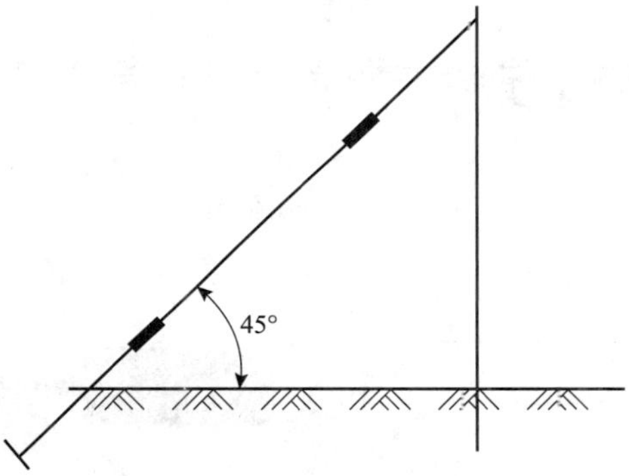

图3－10 电杆单侧拉线图

3.1.4 根据施工图纸和金具(串)的组装要求配备相应金具(图3－11)，检查所有材料应符合质量、数量要求，由于这些金具体积较小，难以用传递绳捆绑，故按要求连接后装入工具袋。

3.2 杆上组装。

3.2.1 登高工具及个人工具。要将登高使用的工具如脚扣或踩板、安全帽、安全带、保险钩、吊绳(材料传递绳子)和个人工具如扳手、电工钳、螺丝刀等应用之物都带齐并检查符合安全作业的要求；这些工具是安装横担、金具的必备工具，当电杆在潮湿状态施工时还需带上登杆的防滑工具或材料。

3.2.2 其他工具。当要对原来的线路装置进行改造重新安装所需的横担、金具时，线路应处于检修状态，而对需要改造的这一基电杆来讲是安装所需的横担、金具，因此还需准备相关工具，如验电器、绝缘杆、短路线、接地线、绝缘手套、标志牌、红白带、紧线器、压接管、滑轮(临时板线、锚桩等视情况而定)等工具。

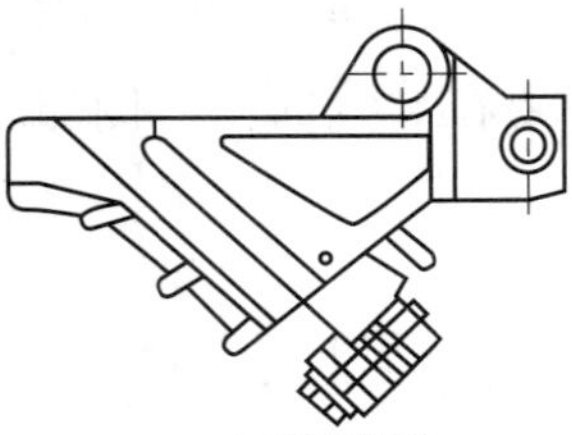

(a)耐张线夹

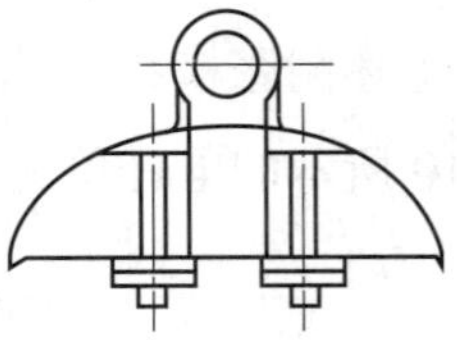

(b)悬垂线夹

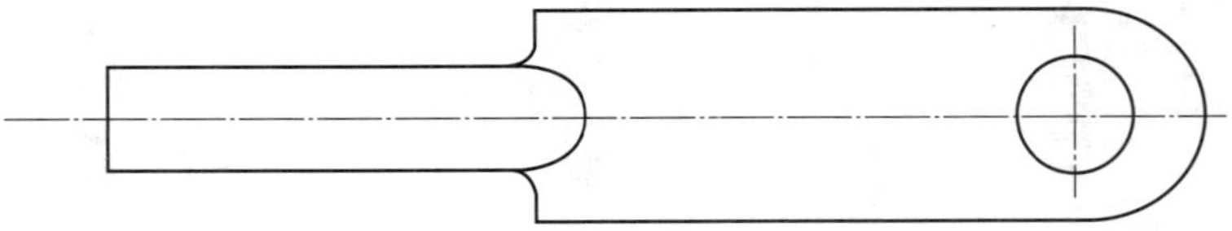

(c)接续金具

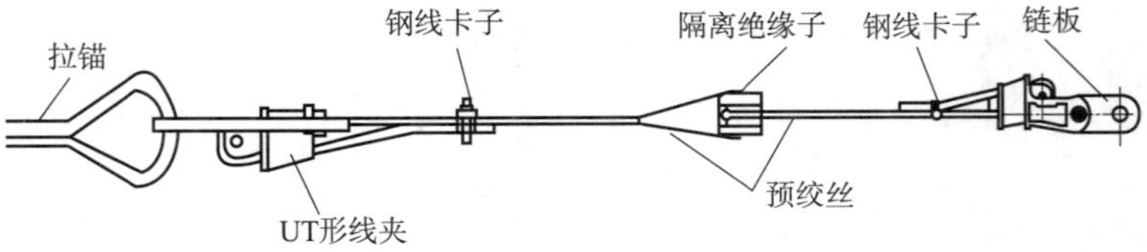

(d)拉线金具

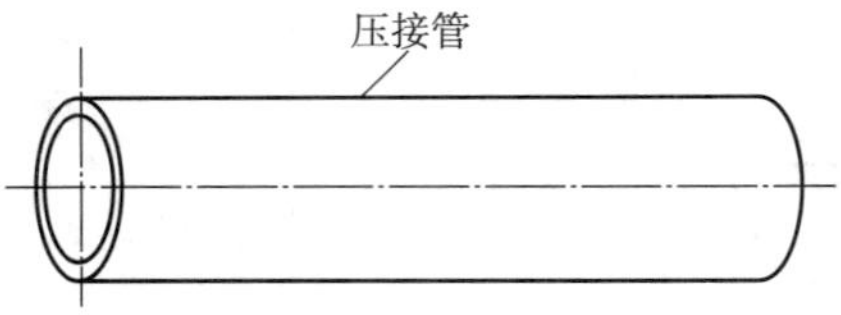

(e) 连接金具

(f)保护金具

图 3 – 11　组装所需金具

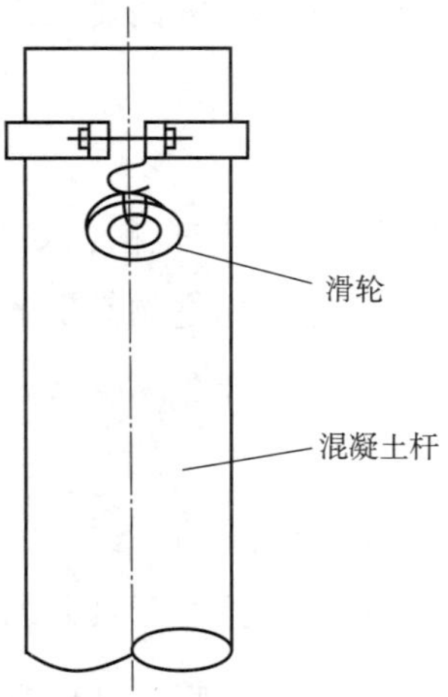

图 3 – 12　滑轮安装示意图

3. 2. 3　横担安装标准。线路直线横担安装时，横担平面应装于受电侧。横担安装应平正，安装偏差应符合规定：横担端部上下歪斜应不大于 20mm，横担端部左右扭斜应不大于 20mm；双杆上安装的横担与电杆连接处的高差应不大于连接距离的 5/1000；左右扭斜应不大于横担总长度的 1/100。

3. 2. 4　横担、金具安装的基本步骤：

(1)安装人员站立在电杆的合适位置，用吊绳将需要安装的横担、金具材料分别进行安装，绳结应打在铁件杆上。当提升较重的横担时，可以在电杆端部安放一个滑轮用于提升重物，如图 3 – 12 所示。

(2)先从电杆的顶部开始安装横担、金具。按照装置图的尺寸要求先装横担，待安装牢固后再安装该横担上的金具，螺栓应从送电侧穿入受电侧，按规定要求实施。紧固金具、支持金具等可以和图 3－12 电杆端部安放滑轮绝缘子一并安装，除了应考虑绝缘子的安装要求外，还应考虑此金具与导线的合理匹配；当紧固金具、支持金具是螺栓型金具用于固定导线时，铝线的外层应包两层铝包带并用螺栓和垫块来固定导线(铜线可以直接固定)，当紧固金具是楔块型耐张线夹时，铝线线芯上不必缠绕包带，可以直接安装，如图 3－13 所示。

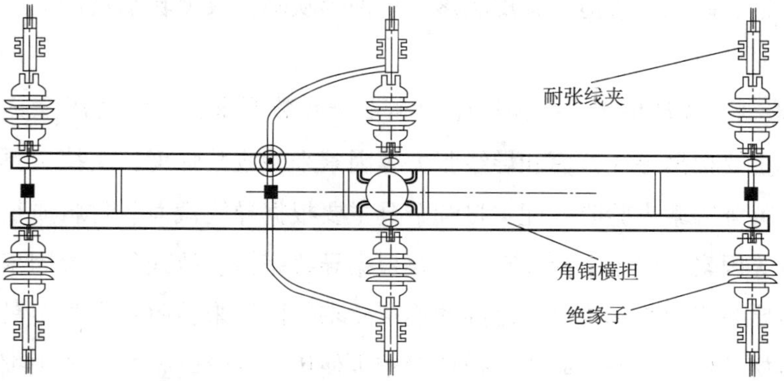

图 3－13 耐张线夹安装方式

3.2.5 更换直线杆金具。在旧横担金具下方，先将新横担安装到位，然后将 3 根导线从旧横担处取下，放到新横担上简易固定，待旧横担拆除后将新横担调整到旧横担位置后进行金具紧固。最后将导线放置在横担卡槽上进行绑扎固定。

3.2.6 更换耐张、转角杆金具。将新横担安装在旧横担下方并紧固，将直角挂板、球头挂环安装到位。

(1)两侧导线转移新横担上工作：用 2 根绳套与 2 组紧线器分别将两侧导线同时进行紧线，当两侧导线紧线到位后，拔掉旧横担悬垂 M 销子后，将悬垂取下，然后将其转移到新横担处，待其到位后将悬垂处的弯头挂板与新横担的球头挂环连接后，在悬垂连接处插入 M 销子。两侧导线转移工作完成后，将旧横担进行拆除。

(2)中相导线转移新横担上工作：用 1 根绳套与 1 组紧线器连接后进行紧线，当中相导线紧线到位后，拔掉旧横担悬垂 M 销子后，将悬垂取下，然后将其转移到新横担处，待其到位后将悬垂处的弯头挂板与新横担的球头挂环连接后，在悬垂连接处插入 M 销子。

3.2.7 在引线搭接时需要使用接续金具，此时应根据导线截面、材料质量等选择相应型号的金具，并满足规定数量的要求。要在导线上涂上电力脂(导电膏)，用钢丝刷做清除氧化层工作并用干净布擦去污垢，再重复一次做清除氧化层工作(此时不用再擦)，当接续金具是用螺栓固定时，用扳手即可安装，但当接续金具是用楔块固定导线时，需用专用工具来完成。

3.2.8 连接金具中的压接管在做清除氧化层工作方面与接续金具对导线的处理方法相同，但还要用压接钳对不同类型的导线按不同要求进行压接，压接后应进行检查是否符合工艺要求。

4 操作要点

4.1 用于配电线路的各类横担、金具出厂必须检验合格，产品应有合格的包装和标志。由黑色金属制造的横担和金具，应采用热浸镀锌制品，防腐层良好，表面光洁，无裂纹、毛刺、飞边、砂眼、气泡、锌皮剥落、锈蚀等缺陷，线夹转动灵活无卡阻现象，与导线接触面符合要求。

4.2 应根据导线规格、最大使用张力和安全系数要求，考虑所用金具与导线相互匹配，紧固金具主要根据导线截面和导线张力等因素来验收其强度；支持金具主要根据导线截面和导线材料等因素来验收匹配；接续金具主要根据导线截面、材料质量和规定连接导线金具的数量等因素来验收；拉线金具主要根据导线张力、拉线位置等因素来验收；连接金具主要根据导线张力与承力金具之间的连接要求等因素来验收；保护金具主要根据导线截面、配套器材结构等因素来验收，但一般较少使用；预绞丝金具主要根据使用场合、要求等因素来验收。

4.3 横担、金具的安装位置、方向应符合规定。

4.4 金具选择应匹配，禁止以小吨位金具代替大吨位金具。

4.5 施工作业结束后，工作负责人依据施工验收规范对施工工艺、质量进行自查验收，按要求清理施工现场，整理工具、材料，办理工作终结手续。

5 安全注意事项

5.1 为防止误登杆塔，登杆塔前，作业人员应核对停电线路的双重编号后，方可工作。

5.2 登杆塔前要对杆塔检查，包括杆塔是否有裂纹，杆塔埋设深度是否达到要求，拉线是否紧固，基础是否坚实，同时要对登高工具检查，看其是否在有效期限内，登杆前要对脚扣和安全带做冲击试验。

5.3 为防止高空坠落物体打击，作业现场人员必须戴好安全帽，严禁在作业点正下方逗留。

5.4 为防止作业人员高空坠落，杆塔上工作的作业人员必须正确使用安全带、保险绳两道保护。离开地面2m及以上即为高空作业，攀登杆塔时应检查脚钉或爬梯是否牢固可靠；在杆塔上作业时安全带应系在牢固的构件上，高空作业中不得失去双重保护，转向移位时不得失去一重保护。

5.5　高空作业时不得失去监护。

5.6　杆上人员要用传递绳索将工具材料传递，严禁抛扔。

5.7　传递绳索与横担之间的绳结应系好以防脱落，金具可以放在工具袋内传递。

6　现场突发事件应急措施

6.1　触电应急处置见附件1。

6.2　高空坠落应急处置见附件2。

6.3　机械伤害应急处置见附件6。

项目十　架空裸导线断线连接

1　项目简介

介绍裸导线连接工作操作步骤和质量标准要求。通过列表说明，掌握停电进行裸导线连接所需工器具和材料、操作步骤、质量标准及作业中的危险点预控。

2　操作前准备

2.1　工器具和材料准备。

2.1.1　裸导线连接所需工器具如表3－20所示。

表3－20　裸导线连接所需工器具

序号	名称	规格	单位	数量	备注
1	小钢锯		把	1	
2	红蓝铅笔		列	2	
3	钢丝刷		把	2	
4	手套		副	8	
5	涂料刷		把	2	
6	压接钳及压模		套	1	
7	锉刀		把	1	
8	橡胶锤		把	2	
9	游标卡尺		个	1	
10	防潮布		块	1	
11	木板		块	2	
12	断线钳		把	1	
13	直钢尺		把	1	
14	油盘		个	1	

2.1.2　裸导线连接所需材料如表3－21所示。

表3－21　裸导线连接所需材料

序号	名称	规格	单位	数量	备注
1	绑线		盘	若干	
2	铝带		盘	若干	
3	钢锯条		条	若干	
4	棉纱布		m	若干	
5	接续管		套	1	
6	汽油		L	若干	
7	导电膏		盒	1	
8	红油漆		kg	若干	
9	砂纸		张	若干	

2.2　工作前的检查。

2.2.1　检查连接管是否与导线规格一致，钳压管表面及管内是否光滑，有无凸、凹现象，有无氧化及腐蚀；有无裂纹毛刺，是否平直，其弯曲度不得超过管长的1%。

2.2.2　检查使用的导线与原导线是否属同一规格。

2.2.3　连接管上有无划出钳压印记。

2.2.4　检查钢压模是否与导线规格匹配。

3　操作步骤

3.1　导线的压接。

3.1.1　将要连接两导线的端头锯平，并用绑线把线芯端头扎紧。

3.1.2　清除两根导线压接部分的污垢。用钢丝刷来回刷导线，并用钢丝刷背部敲击导线，将污垢震掉。清除长度为连接部分的2倍。

3.1.3　清除铝接续管内壁的污垢。可以用较小的涂料刷或者把棉布穿过管子，拿住棉布两头来回擦拭。

3.1.4　用浸过汽油的棉布擦拭清洁导线、接续管、垫片等。

3.1.5　待擦拭导线、铝接续管、铝芯垫片的汽油挥发后，用干净的棉布再擦拭，并涂导电膏。

3.1.6　将两导线头穿过铝接续管，并出管30～50mm，然后穿入垫片。穿垫片时应贴着导线并顺直，一只手扶好垫片，另一手用钳子头部轻轻敲击垫片端头，慢慢将垫片打入管中。切忌用力过猛，避免将垫片打弯。

3.1.7　压接。一人操作压接钳，一人扶好压接钳头部与铝接续管。对钢芯铝绞线，应从中间开始向一端上下交错压接。压接时，应对准压模中心，一侧压接完毕后，返回中间开始向另一端上下交错压接(当采用液压钳时，每压好一个模时不要马上松开钢模，应停留 30s 以上再松开)，且两端最后一模均应压在导线的副头上。对铜或铝绞线，应从一端开始上下交错压接至另一端，且两端最后一模均应压在寻线的副头上。压接顺序如图 3－14 所示。

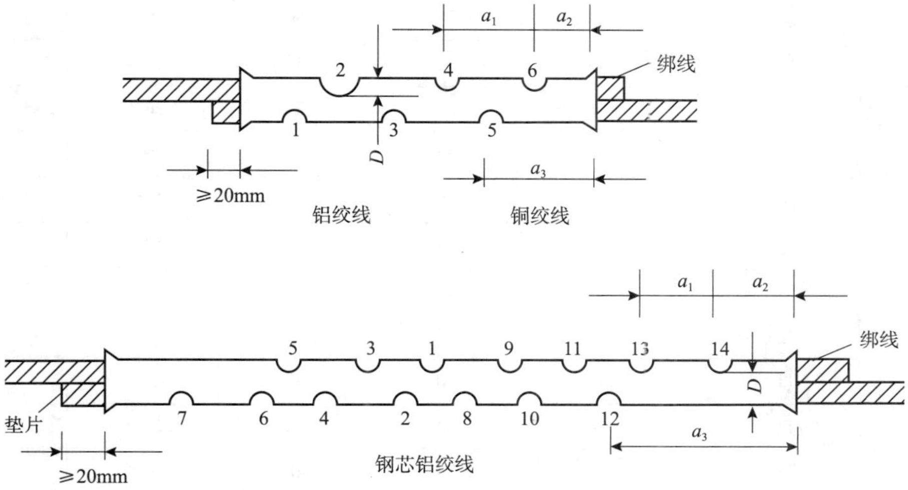

图 3－14　导线钳压顺序示意图

3.1.8　导线钳压口尺寸和压口数如表 3－22 所示。

表 3－22　导线钳压口尺寸和压口数

导线型号		钳压部位尺寸/mm			压口尺寸	压口数
		a_1	a_2	a_3	a_4	
钢芯铝绞线	LGJ－16	28	14	28	1(5)	12
	LGJ－25	32	15	31	1(5)	14
	LGJ－35	34	4(5)	9(5)	17.5	14
	LGJ－50	38	48.5	10(5)	20.5	16
	LGJ－70	46	5(5)	12(5)	2(5)	16
	LGJ－95	54	61.5	14(5)	29.5	20
	LGJ－120	62	67.5	160.5	3(5)	24
	LGJ－150	64	70	165	3(5)	24
	LGJ－185	66	7(5)	17(5)	39.5	26

续表

导线型号		钳压部位尺寸/mm			压口尺寸	压口数
		a_1	a_2	a_3	a_4	
铝绞线	LJ－16	28	20	34	10.5	6
	LJ－25	32	20	35	1(5)	6
	LJ－35	36	25	43	14.0	6
	LJ－50	40	25	45	1(5)	8
	LJ－70	44	28	50	19.5	8
	LJ－95	48	32	56	23.0	10
	LJ－120	52	33	59	26.0	10
	LJ－150	56	34	62	30.0	10
	LJ－185	60	35	65	3(5)	10
铜绞线	TJ－16	28	14	28	10.5	6
	TJ－25	32	16	32	12.0	6
	TJ－35	36	18	36	1(5)	6
	TJ－50	40	20	40	17.5	8
	TJ－70	44	22	44	20.5	8
	TJ－95	48	24	48	24.0	10
	TJ－120	52	26	52	27.5	10
	TJ－150	56	28	56	31.5	10

注：压接后尺寸的允许误差：铜钳压管为 ±0.5mm，铝钳压管为 ±1.0mm。

3.1.9　校直及打磨。压接后的连接管一般都会有不同程度的弯曲，所以压接后应用木槌对连接管进行校正。

3.1.10　校正以后再用细砂纸将连接管的毛刺打磨掉。对于 240mm² 及以上的导线，通常采用液压连接。导线的液压连接与导线的钳压连接方法差距较大，液压连接一般用于送电线路中。

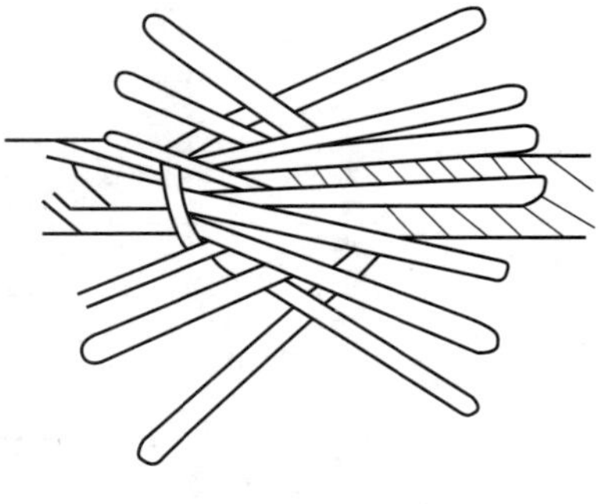

图 3－15　导线拆散参照图

3.2　导线的插接。

3.2.1　先把要连接的两导线按接头长度的一半顺序拆开，砂光拉直，做成伞骨的样子，其余未拆开的一半长度是被缠绕的部分，将两根拆散的导线参照如图 3－15 所示，使它们每隔一股互相交叉插到底。

3.2.2　把插好的线拢在一起用电工钳拍紧，用绑线在中间缠绕到规定长度。

3.2.3　把导线本身的单股线向两端逐步缠绕，每一股缠完后，把余下的线尾压在下面，再用另一股缠，直到缠完为止。

3.2.4　最后一段缠完后，拧成小辫收尾，其接头长度和绑线直径可参考表3－23。全部插接线头长度为150～200mm，并且应在接头表面涂少量导电脂，以减少氧化膜的产生。

表3－23　插接缠绕法长度及绑线直径参考表

导线截面/mm^2	16	25	50	70	95
中间缠线长度/mm	50	60	80	90	100
全部接头长度/mm	200	300	400	500	600
绑线直径/mm	1.6	(1)1	(4)9	(4)9	(4)9

3.3　验收质量标准。

3.3.1　接续管、预绞丝的型号与导线规格相匹配。

3.3.2　压缩连接接头的电阻应不大于等长导线电阻值的2倍；机械连接接头的电阻应不大于等长导线电阻值的5倍。档距内压缩接头的机械强度应不小于导体计算拉断力的90%。

3.3.3　钳压后，导线的露出长度应不小于20mm，导线端部绑扎线应保留。

3.3.4　压接后，接续管两端导线不应有抽筋、灯笼等现象。接续管弯曲度应不大于管长的2%，略有弯曲时应校直。

3.3.5　压接后，接续管两端出口处、合缝处及外露部分应涂刷电力复合脂。

3.3.6　导线接头应紧密、可靠、造型美观，不应有重叠、弯曲及凹凸现象。

4　操作要点

4.1　配电线路跨越以下工程设施时不许有接头：①电气化铁路；②一级公路及城市道路；③通航河流；④一、二级弱电线路；⑤特殊管道(指架设在地面上的易燃、易爆管道)。

4.2　导线接头位置，最好在导线的档距中央弧垂最低点，因为该处应力最低。如不能做到接头在中央位置，则接头距导线支撑点应不小于0.5m。同一个档内的不同相导线上接头允许同时出现，但同一个档内的同一相导线只能有一个接头。

4.3　不同金属、不同规格、不同绞向的导线，严禁在同一耐张段内连接。

5　安全注意事项

5.1　压接时，两人要密切配合。禁止一人在调整压接位置或整理模具时，另一人即开始操作压接钳，造成挤伤。

5.2　校直压接管时，要防止砸伤。

5.3　在敲击导线震掉污垢时，导线要远离眼睛，防止污屑飞入眼内。

5.4　为防止失火伤人，在用汽油擦拭清洁导线时，禁止有明火接近汽油桶或浸过汽油的棉布。

5.5　压接时应正确使用工具并注意人身安全。

6　现场突发事件应急措施

6.1　高空坠落应急处置见附件2。

6.2　机械伤害应急处置见附件6。

附件1　触电事故应急处置

1. 迅速解脱电源

当发生触电事故时，切不可惊慌失措。要立即切断电源，使伤员脱离继续受电流损害的状态，减少损伤程度，同时向医疗部门呼救，这是能否抢救成功的首要因素。进行切断电源前应注意伤员身上因有电流通过，已成带电体，任何人不应触碰伤员，以免自己也成为带电体而遭电击。切断电源应采取的方法有两种：一是立即拉开电源开关或拔掉电源插头。二是不能立即按上面的办法切断电源时，可用干燥的木棒、竹竿等将电线拨开，使伤员脱离电源。切不可用手或金属和潮湿的导电物体直接触碰伤员的身体或触碰伤员接触的电线，以免引起抢救人员自身触电。在进行解脱电源的动作时，要事先采取防摔措施，防止触电者脱离电源后因肌肉放松而自行摔倒，造成新的外伤。解脱电源的动作要用力适当，防止因用力过猛将带电电线击伤在场的其他人员。

2. 现场的意识诊断

在解脱电源后，伤员往往处于昏迷状态，全身各组织严重缺氧生命垂危。所以，这时不能用整套常规方法进行系统检查，而只能用简单有效的方法尽快对心跳、呼吸与瞳孔的情况作一判断，以确定伤员是否假死。简单诊断的方法有三：一是观察伤员是否还存在呼吸，可用手或纤维毛放在伤员鼻孔前，感受和观察是否有气体流动，同时，观察伤员的胸廓和腹部是否存在上下移动的呼吸运动。二是检查伤员是否还存在心跳，可直接在心前区听是否有心跳的心音，或摸颈动脉、肱动脉是否搏动。三是看一看瞳孔是否扩大。人的瞳孔受大脑控制，在正常情况下，瞳孔的大小可随外界光线的强弱变化而自动调节，使进入眼内的光线适中，在假死状态中，大脑细胞严重缺氧，机体处于死亡边缘，整个调节系统失去了作用，瞳孔便自行扩大，并且对光线强弱变化也不起反应。根据诊断的结果，为采取对症治疗措施提供依据。

3. 触电事故急救方法

(1)人工呼吸法：人工呼吸的目的，就是采取人工的方法来代替肺的呼吸活动，及时而有效地使气体有节律地进入和排出肺脏，供给体内足够氧气和充分排出二氧化碳，维持正常的通气功能，促使呼吸中枢尽早恢复功能，使处于假死的伤员尽快脱离缺氧状态，使机体受抑制的功能得到兴奋，恢复人体自动呼吸。它是复苏伤员一种重要的急救措施。人工呼吸具体操作要有步骤地进行。

①环境要安静，冬季要保温，伤员平卧，解开衣领，松开围巾和紧身衣服，放松裤带，以利呼吸时胸廓自然扩张。在伤员的肩背下方可垫软物，使伤员的头部充分后仰，呼吸道尽量畅通，减少气流的阻力，确保有效通气量；同时，这也可以防止舌根陷落而堵塞气流通道。然后，将病人嘴巴掰开，用手指清除口腔中的异物，如假牙、分泌物、血块、呕吐物等，以免阻塞呼吸道。

②抢救者站在伤员一侧，以近其头部的手紧捏伤员的鼻子(避免漏气)并将手掌外缘压住额部，另一只手托在伤员颈部，将颈部上抬，头部充分后仰，鼻孔呈朝天位，使嘴巴张开准备接受吹气。

③抢救者先吸一口气，然后嘴紧贴伤员的嘴大口吹气，同时观察其胸部是否膨胀隆起，以确定吹气是否有效和吹气是否适度。

④吹气停止后，抢救者头稍侧转，并立即放松捏鼻子的手，让气体从伤员的鼻孔排出。此时注意胸部复原情况，倾听呼气声，观察有无呼吸道梗阻。如此反复而有节律地人工呼吸，不可中断，每分钟吹气应在 12 ~ 16 次。进行人工呼吸要注意，口对口的压力要掌握好，开始时可略大些，频率也可稍快些，经过 12 次吹气后逐渐减少压力，只要维持胸部轻度升起即可。如遇到伤者嘴巴掰不开的情况，可改用口对鼻孔吹气的办法，吹气时压力稍大些，时间稍长些，效果相仿。采取这种方法，只有当伤员出现自动呼吸时，方可停止。但要紧密观察，以防出现再次停止呼吸。

(2)体外心脏挤压法：体外心脏挤压法，是指通过人工方法有节律地对心脏按压，来代替心脏的自然收缩，从而达到维持血液循环的目的，进而恢复心脏的自然节律，挽救伤员的生命。体外心脏挤压法的具体操作按下述步骤进行：

①使伤员就近卧于硬板上或地上，注意保暖，解开伤员衣领，使其头部后仰侧偏。

②抢救者站在伤员左侧或跪跨在病人的腰部。

③抢救者以一手掌置于伤员胸骨下 1/3 段，即中指对准其颈部凹陷的下缘，另一只手掌交叉重叠于该手背上，肘关节伸直，依靠体重和臂、肩部肌肉的力量，垂直用力，向脊柱方向冲击性地用力施压胸骨下段，使胸骨下段与其相连的肋骨下陷 3 ~ 4cm，间接压迫

心脏使心脏内血液搏出。

④挤压后突然放松(要注意掌根不能离开胸壁)，依靠胸廓的弹性，使胸骨复位。此时心脏舒张，大静脉的血液就回流到心脏。在进行体外心脏按压时要注意，首先，操作时定位要准确，用力要垂直适当，要有节奏地反复进行。防止因用力过猛而造成继发性组织器官的损伤或肋骨内折。其次，挤压频率一般控制在每分钟 60 ~ 80 次，有时为了提高效果，可增加挤压频率，达到每分钟 100 次左右。第三，抢救时必须同时兼顾心跳和呼吸。最后，抢救工作一般需要很长时间，在没送医院之前，抢救工作不能停止。

附件2　高空坠落事故应急处置

在日常工作生活中，高处坠落事件时有发生，尤其是登高作业等工作中发生率较高。人坠落到达地面时受到高速的冲击力，通常有多个系统或多个器官的损伤，情节严重的当场死亡。高空坠落伤除有直接或间接受伤器官表现外，尚可有昏迷、呼吸窘迫、面色苍白和表情淡漠等症状，可导致胸、腹腔内脏组织器官发生广泛的损伤。高空坠落时，足或臀部先着地，外力沿脊柱传导到颅脑而致伤；由高处仰面跌下时，背或腰部受冲击，可引起腰椎前纵韧带撕裂，椎体裂开或椎弓根骨折，易引起脊髓损伤。脑干损伤时常有较重的意识障碍、光反射消失等症状，也可有严重合并症的出现。高空坠落后的处理方法如下：

(1) 去除伤员身上的用具和口袋中的硬物。

(2) 在搬运和转送过程中，颈部和躯干不能前屈或扭转，应使脊柱伸直，绝对禁止一个抬肩一个抬腿的搬法，以免发生或加重截瘫。

(3) 创伤局部妥善包扎，但对疑似颅底骨折和脑脊液漏患者切忌作填塞，以免导致颅内感染。

(4) 颌面部伤员首先应保持呼吸道畅通，撤除假牙，清除移位的组织碎片、血凝块、口腔分泌物等，同时松解伤员的颈、胸部纽扣。若舌已后坠或口腔内异物无法清除时，可用12号粗针穿刺环甲膜，维持呼吸、尽可能早作气管切开。

(5) 复合伤要求平仰卧位，保持呼吸道畅通，解开衣领扣。

(6) 周围血管伤，压迫伤部以上动脉干至骨骼。直接在伤口上放置厚敷料，绷带加压包扎以不出血和不影响肢体血循环为宜，常有效。当上述方法无效时可慎用止血带，原则上尽量缩短使用时间，一般以不超过1h为宜，做好标记，注明上止血带时间。

(7) 有条件时迅速给予静脉补液，补充血容量。

(8) 快速平稳地送医院救治。

附件3 物体打击事故应急处置

物体打击是指失控的物体在惯性或重力等其他外力的作用下产生运动，打击人体而造成人身伤亡事故，特别在施工周期短，劳动力、施工机具、物料投入较多，交叉作业时常有发生。物体打击发生后的处理方法如下：

(1) 发生物体打击事故后，抢救的重点放在对颅脑损伤、胸部骨折和出血上进行处理。并马上组织抢救伤者脱离危险现场，尽快送医院进行抢救治疗，以免再发生损伤。

(2) 在移动昏迷的颅脑损伤伤员时，应保持头、颈、胸在一直线上，不能任意旋曲。若伴颈椎骨折，更应避免头颈的摆动，以防引起颈部血管神经及脊髓的附加损伤。

(3) 观察伤者的受伤情况、受伤部位、伤害性质，如伤员发生休克，应先处理休克。遇呼吸、心跳停止者应立即进行人工呼吸；处于休克状态的伤员要让其安静、保暖、平卧、少动。

(4) 出现颅脑损伤，必须维持呼吸道通畅。昏迷者应平卧，面部转向一侧，以防舌根下坠或分泌物、呕吐物吸入，发生喉阻塞。有骨折者，应初步固定后再搬运。

(5) 防止伤口污染。在现场，相对清洁的伤口，可用浸有过氧化氢的敷料包扎。污染较重的伤口，可简单清除伤口表面异物，剪除伤口周围的毛发，但切勿拔出创口内的毛发及异物、凝血块或碎骨片等，再用浸有过氧化氢或抗生素的敷料覆盖包扎创口。

(6) 在运送伤员到医院就医时，昏迷伤员应侧卧位或仰卧偏头，以防止呕吐后误吸。对烦躁不安者可因地制宜地予以手足约束，以防伤及开放伤口。脊柱有骨折者应用硬板担架运送，勿使脊柱扭曲，以防途中颠簸使脊柱骨折或脱位加重，造成或加重脊髓损伤。

附件4　扭伤事故应急处置

踝关节扭伤是一种十分常见的损伤，俗称“崴脚”。在日常工作中容易发生踝关节扭伤，一旦发生踝关节扭伤，不能随意活动受伤的关节，否则容易造成韧带撕裂，恢复起来相对更困难，正确的紧急处理方法如下：

(1)立即停止行走、运动或劳动等活动，取坐位或卧位，同时，可用枕头、被褥或衣物、背包等把足部垫高，以利静脉回流，从而减轻肿胀和疼痛。

(2)立即用冰袋或冷毛巾敷局部，使毛细血管收缩，以减少出血或渗出，从而减轻肿胀和疼痛。

(3)冷敷的同时或冷敷后可用绷带、三角巾等布料加压包扎踝关节周围。亦可用数条宽胶布从足底向踝关节及足背部粘贴、固定踝关节，以减少活动度。无论包扎或用胶布粘贴均应使受伤的外踝形成足外翻或受伤的内踝形成足内翻，以减轻对受伤的副韧带或肌肉的牵拉，从而减轻或避免加重损伤。

(4)如已发生或怀疑发生骨折，应选用两块长约30cm的木板或硬纸板分别放在受伤部位的内外两侧，并在受伤部位加放棉垫、毛巾或衣物等，然后再用绷带或三角巾等物把两块木板固定结扎。如为开放性骨折应加压包扎止血后再将骨折处固定。

(5)受伤后切忌推拿按摩受伤部位，切忌立即热敷，热敷需在受伤24h后开始进行。

(6)最好用单架把伤员送往医院进一步诊断救治。必要时可拨打急救电话120，请专业急救人员进一步处理。

附件5 中暑事故应急处置

中暑是由于患者长时间在高温的环境下导致的体内水和电解质等物质发生紊乱导致的，如果不及时的进行救治很可能出现严重的后果，甚至威胁患者的生命，因此，掌握中暑的急救方法是非常有必要的。

中暑程度的3个等级：

(1)先兆中暑。患者大量出汗、口渴、头晕、耳鸣、胸闷、心悸、恶心、肢体无力、注意力不集中，体温不超过37.5℃。

(2)轻度中暑。患者体温高于38.5℃，伴有面部潮红、胸闷、皮肤灼热等现象；或皮肤湿冷、呕吐、血压下降、脉搏快的情况。

(3)严重中暑。除上述症状外，患者还会出现昏厥或抽搐；或者没有出汗，体温高于40℃。

当发现有人中暑后，首先将患者移至凉爽、通风的地方，解开衣领，并将冷毛巾浸在头上，然后迅速对着患者进行冷风降温。中暑患者一般会在经过上述处理后逐渐改善，然后服用一些藿香正气水。除了上述冷却方法外，还可以用冰袋、凉水袋冷敷手臂、头部、大腿腹股沟，同时使用冷水反复擦拭身体。当患者出现严重中暑的时候，切不可延误治疗，必须尽快进行急救治疗同时尽快送去医院。

附件6　机械伤害应急处置

1. 事故特性

(1)类型。

在机械使用过程中，易发生撞伤、碰伤、绞伤、夹伤、打击、切削等伤害。

(2)危害程度。

机械伤害会使人员手指绞伤、皮肤裂伤、断肢、骨折，严重的会使身体被卷入轧伤致死，或者部件、工件飞出，打击致伤，甚至会造成死亡。

2. 应急处置

(1)事故应急处置程序。

事故现场人员应立即报告本项目的安全部门负责人、项目部负责人及现场应急处置小组，项目部负责人及现场应急处置小组根据事故的大小和发展态势在1小时内向公司领导、安监部门等报告，并同时启动本项目部相应级别的应急预案。当事故超出本单位应急处置能力时，应向当地政府有关部门及上级单位请求支援。

(2)现场应急处置措施。

①当发现有人受伤后，应立即关闭运转机械，现场有关人员立即向周围人员呼救，同时向项目部负责人报告。

②立即对伤者进行包扎、止血、止痛、消毒、固定临时措施，防止伤情恶化。

③如有断肢情况，及时用干净毛巾、手绢、布片包好，放在无裂缝的塑料袋或胶皮袋内，袋口扎紧，在口袋周围放置冰块、雪糕等降温物品，不得在断肢处涂酒精、碘酒及其他消毒液。同应派人拨打120向当地急救中心取得联系，详细说明事故地点、严重程度、联系电话，并派人到路口接应。断肢随伤员一起运送。

④如受伤人员有骨折、休克或昏迷状况，应采取临时包扎止血措施，进行人工呼吸或胸外按压，尽量努力抢救伤员。

⑤应急救援联络电话：急救中心120。

(3)事故报告基本内容。

①事故发生单位名称、地址、性质。

②事故发生的时间、地点。

③事故已造成或者可能造成的伤亡人数(包括下落不明、涉险的人数)。

3. 注意事项

①机械外伤一般直接损伤有时并不严重，但由于伤后抢救处理不当，往往会加重损伤，造成不可挽回的严重后果。

②重伤员运送应用担架，腹部创伤及脊柱损伤者，应用卧位运送；胸部受伤者一般取卧位，颅脑损伤者一般取仰卧偏头或侧卧位。

③抢救失血者，应先进行止血；抢救休克者，应采取保暖措施，防止热损耗。

④备齐必要的应急救援物资，如车辆、吊车、担架、氧气袋、止血带、通信设备等。

⑤应保护好事故现场，等待事故调查组进行调查处理。

附录

配电线路工技能操作员工学习地图

单位：供电服务中心　　　　　基层单位：线路工区　　　　　岗位：配电线路工

职位层级	工作职责	能力要求	学习内容模块	课件包序列
初级工	1. 认真学习安全生产法律、法规和各项规章制度，严格遵守油田安全生产禁令。 2. 熟悉电工基本知识。 3. 熟悉输配电线路运行规程，防护规程及电力设施保护条例的规定。 4. 常用工器具、仪器、仪表的名称、型号、规格、性能、使用范围、试验、使用及保管知识。 5. 熟悉掌握各种事故应急措施。 6. 熟悉输配电线路及电力电缆线路的巡视检查内容	(1)正确使用和维护常用的工器具	人字梯	
			卡头、勾头(卡线器)	
			电动扳手	
		(2)熟练掌握输配电线路及电力电缆线路巡视	线路本体的巡视	
			线路附属设施的巡视	
			线路走廊保护区的巡视	
			电缆线路的巡视	
		(3)熟练掌握事故应急处置措施	触电事故应急措施	
			高空坠落事故应急措施	
			物体打击事故应急措施	
			扭伤事故应急措施	
			中暑事故应急措施	
			机械伤害应急措施	
中级工	1. 认真学习安全生产法律、法规和各项规章制度，严格遵守油田安全生产禁令。 2. 常用工器具、仪器、仪表的名称、型号、规格、性能、使用范围、试验、使用及保管知识。 3. 熟悉常用材料的名称、型号、规格、性能及使用范围。 4. 熟练掌握断路器的停送电操作。 5. 处理输配电线路的一般缺陷	(1)正确使用常用仪器、仪表	无线高压数字核相仪核相	
			无线高压数字核相仪测相序	
			无线高压数字核相仪验电	
			兆欧表的使用	
			数字式接地电阻测试仪	
		(2)能够正确使用和维护常用工器具	多功能紧线器	
			滑轮	
			油锯	
		(3)熟练掌握6～35kV断路器停送电操作步骤	6kV、35kV跌落式熔断器停、送电操作	
			6kV户外柱上真空断路器停、送电操作	
		(4)能够处理输配电线路的一般缺陷	更换跌落式熔断器	
			更换跌落式熔断器熔丝	
			更换拉线	
			更换避雷器	

续表

职位层级	工作职责	能力要求	学习内容模块	课件包序列
高级工	1. 认真学习安全生产法律、法规和各项规章制度，严格遵守油田安全生产禁令。 2. 常用工器具、仪器、仪表的名称、型号、规格、性能、使用范围、试验、使用及保管知识。 3. 熟悉常用材料的名称、型号、规格、性能及使用范围。 4. 熟练掌握高压电缆分支箱停送电操作。 5. 处理输配电线路的各种缺陷	(1)能够正确使用常用仪器仪表	智能管线探测仪直连法探测路径	
			智能管线探测仪耦合法探测路径	
			智能管线探测仪感应法探测路径	
			低压脉冲法探测电缆故障	
			高压闪络法探测电缆故障	
		(2)能够正确使用和维护工器具	手拉(手扳)葫芦	
			导线压接钳	
			马刀锯	
			液压破帽器	
			液压冲孔器	
			手持切割机	
		(3)熟练掌握6kV高压电缆分支箱停送电操作步骤	6kV高压电缆分支箱出线开关停、送电操作	
			6kV高压电缆分支箱进线开关停、送电操作	
		(4)能够处理输配电线路的缺陷	更换绝缘子	
			导线断股的修复工作(裸导线)	
			架空线路直线杆正杆	
			架空线路转角杆正杆	
			架空裸导线断线连接	
			更换横担及金具	

参考文献

[1] 国家电网公司人力资源部．配电线路检修．北京：中国电力出版社，2010.

[2] DL/T 1253—2013. 电力电缆线路运行规程．国家能源局．2013.

[3] Q/SH 1025 0610—2020. 架空输电线路运行规程．中原油田．2020.

[4] Q/SH 0523.2—2013. 油田企业电力安全工作规程 第2部分：电力线路．中国石油化工集团公司．2013.